U0543694

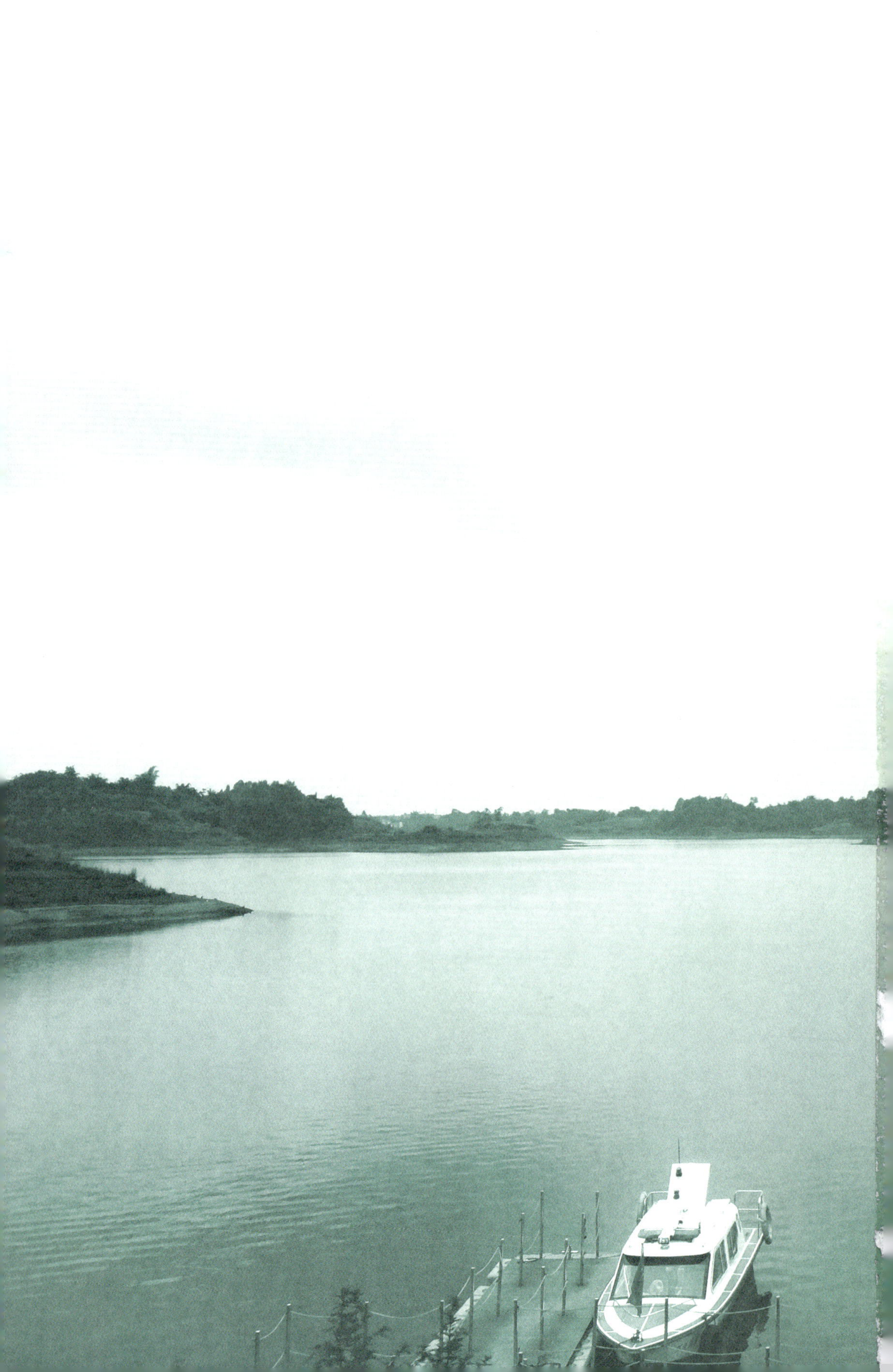

濑溪河流域
水生态健康调查评估

LAIXI HE LIUYU
SHUISHENGTAI JIANKANG DIAOCHA PINGGU

主 编｜敖 亮 何 羽
副主编｜范 围 尹真真 张 沛

西南大学出版社

图书在版编目(CIP)数据

濑溪河流域水生态健康调查评估 / 敖亮,何羽主编.
-- 重庆:西南大学出版社,2024.6
ISBN 978-7-5697-2385-4

Ⅰ.①濑… Ⅱ.①敖… Ⅲ.①流域－水环境质量评价－重庆 Ⅳ.①X824

中国国家版本馆CIP数据核字(2024)第102759号

濑溪河流域水生态健康调查评估
LAIXI HE LIUYU SHUISHENGTAI JIANKANG DIAOCHA PINGGU

主　编:敖　亮　何　羽
副主编:范　围　尹真真　张　沛

| 责任编辑:郑祖艺 |
| 责任校对:朱春玲 |
| 装帧设计:散点设计 |
| 排　　版:瞿　勤 |
| 出版发行:西南大学出版社(原西南师范大学出版社) |
| 　　　　　地址:重庆市北碚区天生路2号 |
| 　　　　　邮编:400715 |
| 印　　刷:重庆市国丰印务有限责任公司 |
| 成品尺寸:170 mm×240 mm |
| 印　　张:16 |
| 字　　数:311千字 |
| 版　　次:2024年6月　第1版 |
| 印　　次:2024年6月　第1次印刷 |
| 书　　号:ISBN 978-7-5697-2385-4 |
| 审 图 号:渝S(2024)072号 |

定　　价:68.00元

本书编委会

范　围　张　沛　王国泰　秦孝辉　赵　丽　李　勉
常瑞庭　黄凌悦　张　赟　覃巧静　王明书　王　强
刘小红　谭　娟　夏溢果　吴海燕　王　欣　汤　敏
徐浩宇　王海舟　廖国良　周贤杰　李浩然　何国军

前言

随着社会经济的发展,水资源利用程度不断提升,水污染问题频出,水资源供需矛盾日益突出,全国多流域出现了水资源格局人为改变、水体污染、生物多样性下降和生态系统退化等问题,流域生态系统的健康状况已成为影响我国社会经济可持续发展的重要因素之一,如何有效开展流域生态系统健康监测及评估逐渐成为热点问题。流域生态系统健康监测与评估是流域水污染防治的重要基础,只有对流域水生态健康进行定量分析和评价,掌握流域水环境动态变化情况,才能制定具有针对性的水生态环境保护对策。

濑溪河是沱江的一级支流,发源于重庆市大足区,在重庆市内流经大足、荣昌两区,重庆市境内干流全长137.2 km,境内流域面积为1 636.6 km²,是渝西地区最重要的水体。濑溪河流域的水生态健康状况会对长江水环境质量和成渝双城经济圈发展产生重要影响。

传统的流域水生态健康评估方法主要是针对水质来进行理化监测和分析的,通常只能反映某一时段的水质状况,难以获取断面及流域整体的生态变化情况。为了加强流域生态环境保护,维护流域生态系统健康,2013年,环保部印发了《流域生态健康评估技术指南(试行)》,该指南提出了流域生态健康评估的原则、方法和技术要求等,但由于其涉及的评估指标较多,部分信息较难获取,使得部分操作在落地实施上存在一定难度。因此,《濑溪河流域水生态健康调查评估》以《流域生态健康评估技术指南(试行)》为基础,结合流域实际情况,对部分评估指标进行了筛选和优化,构建了一套简单并适用于重庆渝西地区典型流域的水生态健康评估指标体系。该指标体系可帮助我们系统科学地认识濑溪河流域水生态健康现状,诊断流域存在的水生态问题,为未来重庆市水生态环境保护和流域管理提供决策依据。

目录
CONTENTS

第一章 总论

1.1 项目背景 ·· 001
1.2 编制依据 ·· 002
1.3 评估原则 ·· 003
1.4 评估范围 ·· 004
1.5 主要内容及技术路线 ··· 004

第二章 流域自然和社会经济现状

2.1 自然地理概况 ··· 007
2.2 社会经济概况 ··· 012

第三章 评估单元划分

3.1 划分原则 ·· 032
3.2 划分方法 ·· 032
3.3 划分结果 ·· 033

第四章　流域水环境及污染现状调查

4.1　水环境质量现状···035
4.2　富营养化现状···059
4.3　污染现状··062

第五章　流域生态系统现状调查及压力分析

5.1　水域生态系统现状··073
5.2　陆域生态系统现状··131
5.3　流域生态系统压力识别··143

第六章　流域生态健康评估指标体系构建及单指标评估

6.1　流域生态健康评估指标体系··146
6.2　水域生态健康评估··147
6.3　陆域生态健康评估··160

第七章　流域生态健康综合评估

7.1　流域生态健康综合评估方法··171
7.2　水域生态健康评估结果··172
7.3　陆域生态健康评估结果··172
7.4　流域生态健康综合评估结果··173

第八章　流域生态问题分析

8.1　水域生态面临的主要问题 ·· 184
8.2　陆域生态面临的主要问题 ·· 185

第九章　对策与建议

9.1　流域生态健康保护对策 ·· 188
9.2　流域生态健康保护工程措施建议 ···································· 191
9.3　应用建议 ·· 197

附表 ·· 198

附图 ·· 205

第一章 总论

1.1 项目背景

我国流域的生态环境复杂而脆弱,伴随着社会经济的快速发展,大量水资源被消耗,水污染排放强度不断增大,水体自然环境受到了严重的破坏,多数流域出现了不同程度的水体污染、生物多样性下降和生态系统退化等问题。流域水污染造成可利用的水资源量减少,水资源供需矛盾加剧,深刻影响着人们的生产生活,流域水生态系统健康状况已成为制约我国社会经济可持续发展的重要因素之一。为全面治理河流水体污染,各级政府投入了大量资金,而对流域开展水生态健康调查和评估是流域水污染防治的前提和基础。只有对流域的水生态环境变化进行定量分析,掌握流域环境状况的动态变化,才能提出有效的水资源管理和保护政策,制定有针对性的水污染防治方案。

党的十八大以来,党中央把生态文明建设摆在中国特色社会主义"五位一体"总体布局的战略高度,并大力推进。为贯彻落实"让江河湖泊休养生息"的要求,加强流域生态环境保护,维护流域生态系统的健康,环境保护部2012年下发了《关于开展流域生态健康评估试点工作的通知》(环办函〔2012〕1163号),2013年编制了《流域生态健康评估技术指南(试行)》(环办函〔2013〕320号),以指导流域生态健康的评估工作。重庆市作为长江上游的重要生态屏障,发挥着保障长江中下游地区生态安全的重要作用,重庆市委、市政府高度重视全市水生态环境保护,深入推进生态文明建设,坚决打好污染防治攻坚战,全力筑牢长江上游重要生态屏障,加快建设山清水秀美丽之地,努力在推进长江经济带绿色发展中发挥示范作用。

1.2 编制依据

1.2.1 法律法规

(1)《中华人民共和国长江保护法》(2021年3月1日起施行);
(2)《中华人民共和国水法》(2016年7月2日修订);
(3)《中华人民共和国环境保护法》(2014年4月24日修订);
(4)《中华人民共和国水污染防治法》(2017年6月27日修订);
(5)《中华人民共和国河道管理条例》(2018年3月19日修订);
(6)《中华人民共和国水土保持法》(2010年12月25日修订);
(7)《中华人民共和国森林法》(2019年12月28日修订)
(8)《水功能区监督管理办法》(2017年4月1日起施行);
(9)《入河排污口监督管理办法》(2015年12月16日修正);
(10)《城镇排水与污水处理条例》(2014年1月1日起施行);
(11)《重庆市环境保护条例》(2022年9月28日第三次修正);
(12)《重庆市水污染防治条例》(2020年10月1日起施行);
(13)《重庆市河道采砂管理办法》(2017年2月1日起施行);
(14)《重庆市河道管理条例》(2022年9月28日修正);
(15)《重庆市水利工程管理条例》(2022年9月28日修正);
(16)《重庆市水资源管理条例》(2023年3月30日第四次修正)。

1.2.2 相关文件

(1)《国务院关于印发水污染防治行动计划的通知》(国发〔2015〕17号);
(2)《国务院关于实行最严格水资源管理制度的意见》(国发〔2012〕3号);
(3)《国务院办公厅关于印发实行最严格水资源管理制度考核办法的通知》(国办发〔2013〕2号);
(4)《关于开展流域生态健康评估试点工作的通知》(环办函〔2012〕1163号);
(5)《水利部 国家发展改革委关于印发〈"十三五"水资源消耗总量和强度双控行动方案〉的通知》(水资源司〔2016〕379号);

(6)《水利部 国土资源部关于印发〈水流产权确权试点方案〉的通知》(水规计〔2016〕397号);

(7)《水利部关于印发〈关于加强河湖管理工作的指导意见〉的通知》(水建管〔2014〕76号);

(8)《水利部关于水权转让的若干意见》(水政法〔2005〕11号);

(9)《重庆市生态环境局 重庆市农业农村委员会关于印发〈重庆市农业农村污染治理攻坚战行动计划实施方案〉的通知》(渝环函〔2019〕119号);

(10)《重庆市人民政府办公厅关于公布水土流失重点预防区和重点治理区复核划分成果的通知》(渝府办发〔2015〕197号);

(11)《流域生态健康评估技术指南(试行)》(环办函〔2013〕320号)。

1.2.3 相关规划

(1)《中华人民共和国国民经济和社会发展第十四个五年规划和2035年远景目标纲要》;

(2)《长江流域综合规划(2012—2030年)》;

(3)《重庆市筑牢长江上游重要生态屏障"十四五"建设规划(2021—2025年)》;

(4)《重庆市国土空间总体规划(2021—2035年)》;

(5)《重庆市水安全保障"十四五"规划(2021—2025年)》;

(6)《长江重庆段"两岸青山·千里林带"规划建设实施方案》;

(7)《重庆市水土保持规划(2016—2030年)》;

(8)《重庆市水土保持"十四五"规划(2021—2025年)》;

(9)《重庆市重要河道采砂管理规划(2021—2025年)》;

(10)《成渝地区双城经济圈建设规划纲要》。

1.3 评估原则

(1)科学系统性原则。从流域整体出发,科学系统地表征濑溪河重庆段的水域和陆域生态系统结构、生态系统服务功能状况和遭受的自然或人为干扰压力,通过其综合效应全面刻画流域生态健康状况。

(2)主导生态功能原则。流域的生态特征和主导生态功能具有显著的地域差异,评估内容和指标要能充分体现流域主导功能。

(3)客观、可操作性原则。能够切实反映流域生态系统的健康状况,并具有可操作性。

(4)综合性原则。结合流域自然与社会经济发展状况,多因素综合诊断流域生态健康状况。

1.4 评估范围

此次评估范围主要为濑溪河流域重庆段[①],共涉及2个区29个镇街,包括大足区15个镇街和荣昌区14个镇街。具体评估范围见表1.4-1。

表1.4-1 濑溪河流域水生态健康调查评估范围

流域	行政区	镇街名称
濑溪河流域重庆段	大足区	龙岗街道、棠香街道、智凤街道、龙水镇、中敖镇、珠溪镇、宝顶镇、铁山镇、高升镇、宝兴镇、季家镇、龙石镇、玉龙镇、三驱镇、高坪镇
	荣昌区	昌州街道、昌元街道、广顺街道、安富街道、双河街道、峰高街道、万灵镇、清升镇、清江镇、古昌镇、直升镇、河包镇、仁义镇、荣隆镇

1.5 主要内容及技术路线

1.5.1 主要内容

濑溪河流域水生态健康调查评估的工作内容包括以下3个方面。

(1)开展现状调查。通过社会经济数据统计、历史资料收集、生态调查、水文调查、环境监测以及遥感技术运用等手段,了解濑溪河流域水生态健康的基本情况和存在的主要问题,分析流域的变化过程和现状。

(2)进行水生态健康评估。以濑溪河流域为评估范围,以水域和陆域生态为评估对象,选取并构建评估指标体系,诊断各评估单元的水生态健康状况及流域整体的综合水生态健康状况。

---

① 后文表述的"濑溪河流域"均特指濑溪河流域重庆段。

（3）提出对策与建议。在濑溪河流域水生态健康状况诊断分析的基础上，结合流域社会经济发展情况，提出流域生态系统保护和管理建议，以及具体的保护工程和治理措施。

1.5.2 技术路线

濑溪河流域水生态健康调查评估通过历史资料收集、社会经济数据统计、基础地理信息收集、野外调研、实地监测、遥感影像解译、水生生物及水质现场采样检测等方式进行基础资料整理分析，收集流域内行政区划、河网水系、地形地貌、水文水质等数据，并通过各类数据分析流域内土地利用、植被覆盖等地表特征，分析流域内点源及面源污染负荷等水文特征。濑溪河流域水生态健康调查评估以流域范围内最小自然单元（集水区域）为基础，根据流域自然条件和行政区域划分评估单元（子流域），分别评价各子流域及全流域水域、陆域的结构格局、生态功能、胁迫特征等，最终采用综合指数法，参照《流域生态健康评估技术指南（试行）》完成对子流域及全流域生态健康状况的分级。根据评估结果，诊断和分析濑溪河水域和陆域存在的问题，并从污染源治理、流域产业结构调整、生态系统修复、监测监管能力建设等方面提出濑溪河流域生态健康保护对策和工程措施建议。具体技术路线如图1.5-1所示。

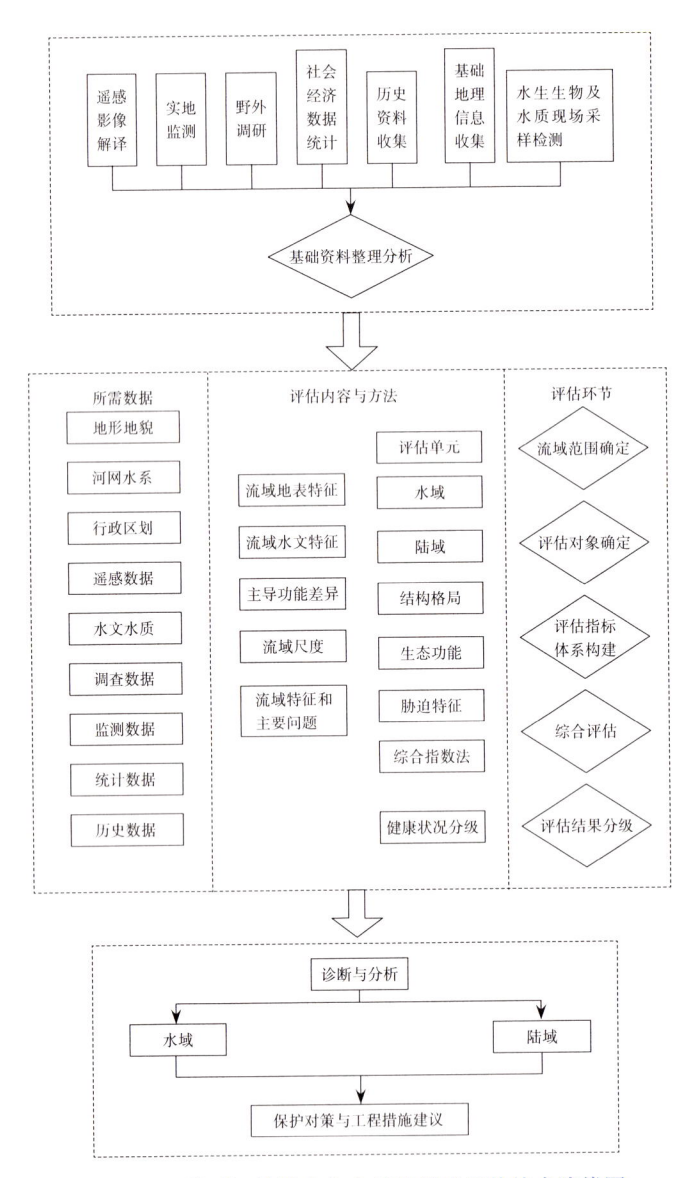

图 1.5-1　濑溪河流域水生态健康调查评估技术路线图

第二章
流域自然和社会经济现状

2.1 自然地理概况

2.1.1 地理位置

濑溪河流域位于重庆市西部地区,东经105°24′54.0″—105°52′22.8″,北纬29°15′21.6″—29°51′54.0″。濑溪河发源于大足区中敖镇,流经重庆市大足区、荣昌区,于四川省泸州市龙马潭区胡市镇汇入沱江。濑溪河干流在重庆市境内从源头到出境河长137.2 km,流经29个镇街。濑溪河流域地理位置示意图如图2.1-1所示。

2.1.2 地形地貌

濑溪河流域处于川中台拱与重庆陷褶束交接处,其地形地貌特征受区域地质构造及岩性的控制,主要山脉走向与构造线方向一致,呈南西向展布。地形以浅丘为主,地势北高南低,由东北向西南倾斜,起伏不大、相对平坦,海拔252—826 m。区域内最低排泄基准面为濑溪河河面。

(1)大足区地貌。境内地势由西北向东南倾斜,东南边缘翘起,中部及东北部地形宽缓。有低山、丘陵、平坝、河谷四种地貌类型,成"六丘三山一分坝"之势。大足区自然地理结构呈多元状态。地质结构分属川中台拱与原川东褶皱两大构造单元。地形地貌分为川中丘陵与原川东平行岭谷两大地貌单元。地质构造属新华夏系第三沉积带四川沉降褶带,大致以荣昌区荣隆镇至大足区龙水镇、万古镇一线为界,其东南称东带,属原川东褶皱带,其西北称西带,属川中褶皱带。

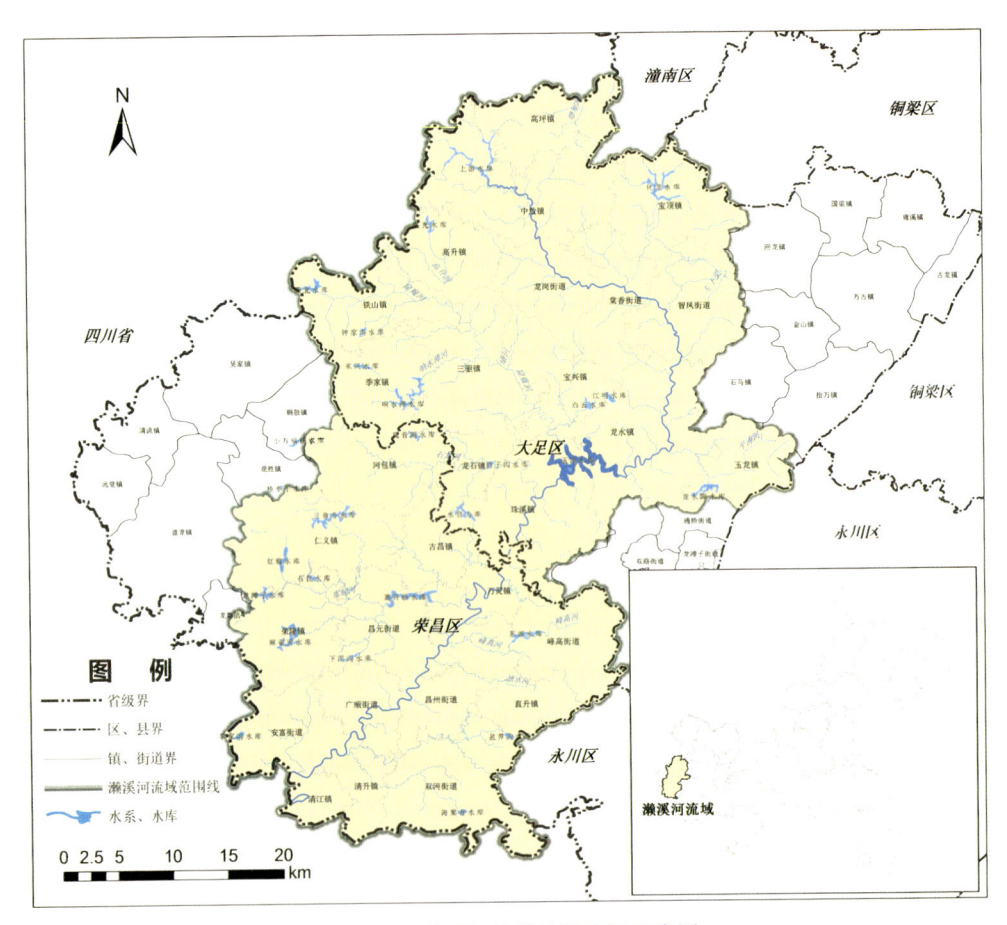

图 2.1-1　濑溪河流域地理位置示意图

（2）荣昌区地貌。境内地貌以浅丘为主，土地肥沃，地势起伏平缓，平均海拔380 m。南有古佛山（主峰位于清升镇，为全区最高点，海拔711.3 m），中有螺罐山，北有铜鼓山。除古佛山、螺罐山外，整个地势北高南低，由东北向西南倾斜。境内地貌类型主要有七种：背斜低山、低丘中谷、山麓单斜丘陵、方山中丘、坪状中丘、低山宽谷和河谷阶地。

2.1.3 气候与水文

2.1.3.1 气候

濑溪河流域受四川盆地和云贵高原气候影响，属亚热带湿润季风气候，主要气候特点是：四季分明，冬迟、春早、夏长、秋短，空气湿度大，日照偏少，无霜期长,春季冷空气频繁,盛夏伏旱较多,初夏和秋季多绵雨。流域多年平均降雨量约为1 025 mm,降雨量年际变化大,最大降雨量可达1 278.3 mm,最小降雨量仅为399.3 mm。5—8月降雨量最大,平均为504.7 mm,占全年的67.8%。流域内多年平均气温17—18 ℃,极端最高气温在40 ℃左右,极端最低气温为-3 ℃左右,无霜期约330 d。

大足区属亚热带湿润季风气候,四季分明,雨量充沛,年均降雨量1 009 mm,年际、月际及区域降雨量分布较不均匀。伏旱居多,夏旱次之。洪涝频率为12%—30%,多出现于6—9月。年均寒潮4—5次,多出现于10月至次年4月。多年平均气温为17.1 ℃,多年平均相对湿度为85%,多年平均无霜期为323 d,为全国日照最少的地区之一。境内风速小,静风率高,主导风向为东北风,多年平均风速为1.0—1.3 m/s,静风频率为29%—45%。

荣昌区属亚热带湿润季风气候。全区气候温和、热量丰富、光照充足、无霜期长、冬短夏长、四季分明。冬、春季雨量较少,秋季常多绵雨,夏季雨量较大,全年降雨量充沛,降雨集中,雨热同季。多年平均气温为17.6 ℃,极端最高气温普遍出现在6—8月,有观测记录以来日极端最高气温为42.0 ℃,极端最低气温多出现在12月中旬至次年1月中旬,有观测记录以来日极端最低气温为-3.4 ℃。多年平均日照时数为986.2 h,多年平均雾日为42.6 d,多年平均无霜期为334 d。多年平均降雨日数为160 d,多年平均累计降雨量为1 064.1 mm,春、夏、秋、冬四季降雨量分别约占全年降雨量的22.3%、52.2%、19.8%和5.7%。

2.1.3.2 水文

濑溪河流域径流由降水形成,主要受降水特性的支配和下垫面影响,地下水补给极少,径流的年内、年际变化与降水一致。邻近流域的小安溪双石桥水文站径流资料显示:4—9月为本流域的雨季,径流量增大,但其间的7—8月常有伏旱,遇伏旱时径流量显著减小;10—11月随降水的逐渐减少,径流补给也逐渐减少;12月至翌年3月降水很少,是径流量最小的时期。玉滩水文站径流资料显示:濑溪河多年平均径流量为10.4 m³/s,径流量年际变化较大,最大年径流量为22.0 m³/s,最小年径流量为1.77 m³/s;径流量年内分配不均匀,丰水期(4—10月)平均径流量为16.00 m³/s,枯水期(11月至翌年3月)平均径流量为2.57 m³/s。另外,盛夏伏旱期也常有极小径流量的情况。

2.1.4 自然资源

2.1.4.1 植被覆盖

濑溪河流域属亚热带常绿阔叶林,流域内有乔木、灌木、藤本、草本等360余种植物,包括国家一级保护野生植物水杉、珙桐、银杏,二级保护植物桫椤、八角莲、金毛狗、金荞麦等。栽培植物除水稻、玉米等粮食作物外,还有油菜、蚕桑、烟叶、葡萄、藤梨、枇杷、花椒等经济作物。

2.1.4.2 土壤类型

濑溪河流域耕地土壤主要分为水稻土、紫色土、黄壤土、冲积土4类。其中,水稻土遍布全流域各沟谷和缓坡地带,包括紫色土性水稻土、黄壤性水稻土、冲积土性水稻土。紫色土主要分布在海拔250—500 m的广阔丘陵地区,母质为侏罗系紫色砂页岩;黄壤土主要分布在海拔500 m以上的低山区和长江北岸二级阶地上,母质为三叠系泥岩、砂页岩和第四系老冲积;冲积土多分布于沿河两岸,母质为第四系新冲积。

2.1.4.3 矿产资源

濑溪河流域主要矿产资源为煤矿(储量约4亿t)、菱铁矿(储量2 000万t以上)。此外还有天然气、石灰石、陶土、页岩等能源和非金属矿产资源,以及铜、锶等金属矿产资源。

2.1.5 河流水系

2.1.5.1 水系分布

濑溪河属沱江水系,为沱江左岸一级支流。濑溪河干流总长约200 km,流域面积3 236 km²,有窟窿河、新峰河、九曲河、马溪河等流域面积大于100 km²的支流6条。濑溪河流域水系分布如图2.1-2所示。

玉滩以上为濑溪河上游,河长约70 km。河流自河源东流,入大足区上游水库。出水库后,曲折向东南流经中敖镇,又南过转洞、广佛寺;折东经大足城南,左纳化龙溪、溪上建有化龙水库。再东至弥陀镇,转南至登云场,左分跃进堰。又南过复隆镇,左纳小玉滩河,河上建有龙水湖水库。折西南流,过龙水镇,西入玉滩水库库区,右纳窟窿河(流域面积341 km²),最终转南出库区。

玉滩至福集为濑溪河中游,河长约90 km。河流过玉滩,曲折西南流经珠溪镇,入荣昌区境内,至路孔镇。又至龙湾沱,右纳支流新峰河(流域面积182 km²),新峰河上有三奇寺水库和高升桥水库。曲折西南流,经荣昌城区,过广顺街道,曲折南流为荣昌区、泸县界河,至清江镇入泸县境内。南过董湾,又曲折南偏西流,至泸县福集镇,右纳大支流九曲河(流域面积889 km²)。

福集以下为濑溪河下游,又称胡市河,河长约40 km。河流过福集南流至回龙坝,左纳马溪河(流域面积232 km²)。再曲折南流过牛滩镇,于白云山麓庆余滩,右纳盐水溪,左纳仁和场河,以下为泸县与龙马潭区界河。继入龙马潭区,至胡市镇汇入沱江。

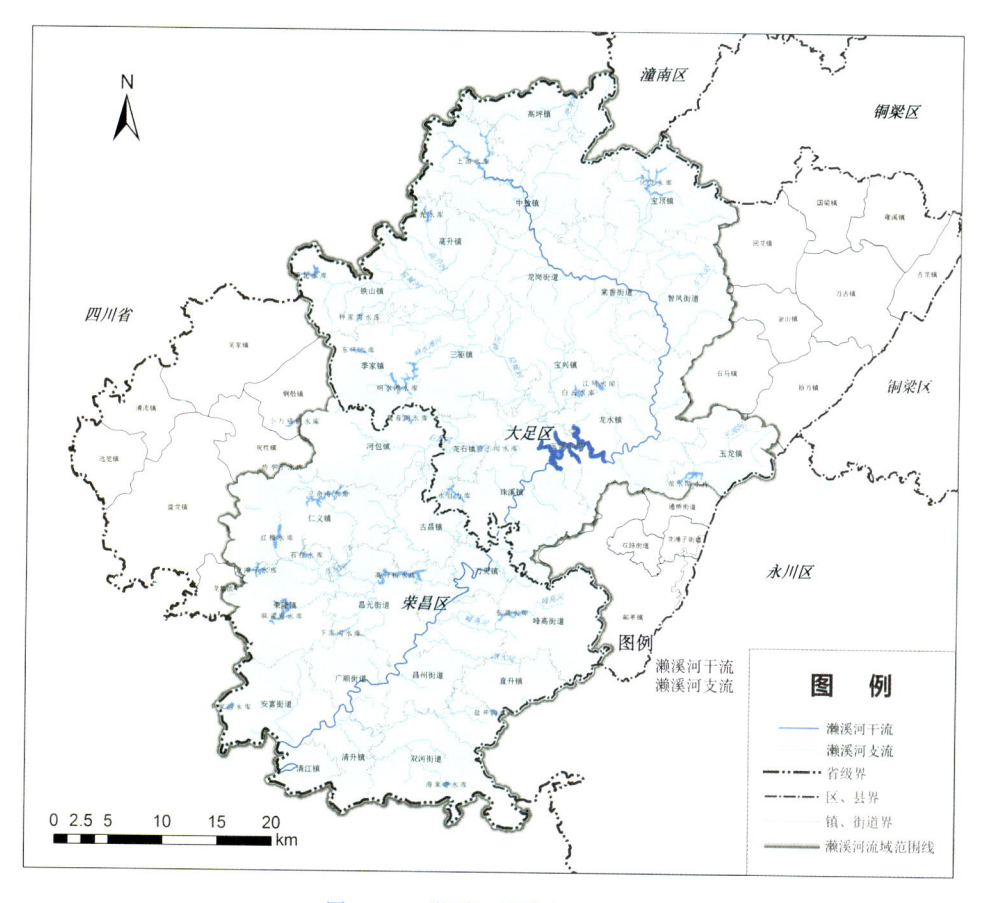

图2.1-2 濑溪河流域水系分布图

2.1.5.2 河道概况

濑溪河为梯形河床,河床多由砂岩组成。上游水流平缓,中下游有20余处落差为2—5 m的滩;上中游河宽50—100 m,下游河宽80—120 m;河岸高5—8 m,除险滩外,下游水深可达3—5 m。

2.2 社会经济概况

2.2.1 人口组成及分布

根据第七次全国人口普查公报,濑溪河流域内总常住人口约114.68万人,其中城镇常住人口74.28万人,农村常住人口40.40万人,流域内城镇化率64.77%。其中,大足区总常住人口58.74万人,城镇常住人口37.33万人,农村常住人口21.41万人,城镇化率63.55%;荣昌区总常住人口55.94万人,城镇常住人口36.95万人,农村常住人口18.99万人,城镇化率66.05%。详情见表2.2-1。

表2.2-1 濑溪河流域各镇街人口情况

行政区	镇街名称	总常住人口/人	城镇常住人口/人	农村常住人口/人
大足区	龙岗街道	88 330	77 739	10 591
	棠香街道	150 488	133 934	16 554
	智凤街道	27 786	21 951	5 835
	龙水镇	112 170	78 397	33 773
	宝顶镇	15 037	4 812	10 225
	珠溪镇	29 947	8 685	21 262
	中敖镇	35 360	10 254	25 106
	三驱镇	30 722	9 524	21 198
	玉龙镇	14 978	4 793	10 185
	宝兴镇	17 534	4 910	12 624
	铁山镇	16 721	4 682	12 039
	高升镇	13 534	3 384	10 150
	季家镇	11 392	3 190	8 202
	龙石镇	10 952	3 833	7 119
大足区	高坪镇	12 451	3 237	9 214
	小计	587 402	373 325	214 077

续表

行政区	镇街名称	总常住人口/人	城镇常住人口/人	农村常住人口/人
荣昌区	昌元街道	160 316	148 049	12 267
	昌州街道	155 705	135 321	20 384
	广顺街道	29 710	20 626	9 084
	双河街道	31 167	11 953	19 214
	安富街道	33 750	22 698	11 052
	峰高街道	24 779	5 804	18 975
	荣隆镇	22 223	5 600	16 623
	仁义镇	29 653	5 540	24 113
	直升镇	8 669	1 777	6 892
	万灵镇	9 000	2 287	6 713
	清升镇	11 181	2 417	8 764
	清江镇	8 009	2 504	5 505
	古昌镇	11 600	1 145	10 455
	河包镇	23 614	3 750	19 864
	小计	559 376	369 471	189 905
合计		1 146 778	742 796	403 982

2.2.2 经济发展现状

濑溪河流域涉及的行政区为重庆市大足区和荣昌区。2020年,大足区全年地区生产总值700.54亿元,比上年增长(下同)4.4%。第一产业增加值60.61亿元,增长4.4%;第二产业增加值355.21亿元,增长5.7%;第三产业增加值284.72亿元,增长2.5%。三次产业结构比为8.7∶50.7∶40.6;三次产业分别拉动经济增长0.3、3.1和1.0个百分点,对地区生产总值的贡献率分别为7.8%、69.9%和22.3%。2020年,荣昌区全年地区生产总值709.80亿元,比上年增长4.9%。第一产业增加值64.26亿元,增长6.7%;第二产业增加值382.96亿元,增长6.5%;第三产业增加值262.57亿元,增长2.2%。第一产业增加值占地区生产总值的比重为9.1%,比上年上升0.8个百分点;第二产业增加值的比重为54.0%,比上年上升0.7个百分点;第三产业增加值的比重为37.0%,比上年下降1.5个百分点。

2.2.3 农业及农村发展现状

2020年,大足区全年农林牧渔业总产值88.65亿元,比上年增长4.8%。其中:种植业产值52.22亿元,比上年增长4.1%;畜牧业产值25.09亿元,比上年增长6.9%。全年农村居民人均可支配收入达到19 415元,同比增长8.2%。全年粮食种植面积61 725 hm²,比上年增长0.1%;油料种植面积20 299 hm²,比上年增长3.2%;蔬菜种植面积19 342 hm²,比上年增长2.8%。全年粮食总产量41.8万t,比上年增长0.8%;蔬菜总产量45.5万t,比上年增长4.5%;油料总产量4.7万t,比上年增长6.1%。肉类总产量4.0万t,比上年下降4.9%。

2020年,荣昌区全年农林牧渔业总产值97.67亿元,比上年增长7.1%。全年农村居民人均可支配收入20 034元,比上年增长7.3%。全区粮食种植面积66.41万亩(1亩≈666.67 m²),比上年增长0.2%;粮食产量28.91万t,比上年增长0.2%。蔬菜播种面积29.86万亩,蔬菜总产量61.36万t,比上年增长5.5%。肉类总产量4.86万t,比上年增长8.7%。

2.2.4 水资源开发利用现状

2.2.4.1 水资源量

根据《重庆市水资源公报2020》:大足区地表水资源量6.5亿m³,地下水资源量1.2亿m³;荣昌区地表水资源量5.3亿m³,地下水资源量0.9亿m³。两区地表水和地下水两者相互转换的重复计算量分别为1.2亿m³和0.9亿m³,详情见表2.2-2。

表2.2-2 濑溪河流域水资源量统计(2020年)

行政区	年降水量/mm	地表水资源量/亿m³	地下水资源量/亿m³	重复计算量/亿m³	水资源总量/亿m³	产水系数	产水模数/(万m³/km²)
大足区	1 073.3	6.509 3	1.195 9	1.195 9	6.509 3	0.43	45.62
荣昌区	1 122.0	5.323 3	0.896 6	0.896 6	5.323 3	0.44	49.34

2.2.4.2 取水现状

濑溪河流域河库取水口共计133个,其中大足段河库取水口72个,荣昌段河库取水口61个,合计取水量约为21 832.0万m³/年,详情见表2.2-3。

表2.2-3 濑溪河流域取水情况一览表

序号	行政区	取水口位置	经度	纬度	取水单位	取水方式	核定年取水量/（万 m³/年）	备注
1	大足区	大足区中敖镇双溪村上游水库	105°37′37″E	29°47′4″N	重庆市大足区中敖自来水厂	提	112.3	城镇公共用水、城镇工业用水、城镇生活用水
2	大足区	大足区中敖镇转洞村转洞桥附近约100 m	105°40′10″E	29°44′40″N	重庆市大足区中敖镇转洞村村民委员会（转洞桥提灌站）	提	15.0	农业取水
3	大足区	大足区中敖镇峰山村上游水库大坝右侧约100 m	105°35′59″E	29°47′1″N	重庆市大足区中敖镇峰山村村民委员会（峰山自来水厂）	提	2.2	其他取水
4	大足区	大足区中敖镇三桥村大屋场提灌站距离大屋场20 m，粟家院子提灌站距离三桥7组污水处理厂500 m	105°39′54″E	29°45′19″N	重庆市大足区中敖镇三桥社区居民委员会（大屋场提灌站、粟家院子提灌站）	提	30.0	农业取水
5	大足区	大足区中敖镇双溪村上游水库	105°37′47″E	29°46′57″N	重庆润憬水利开发有限公司（大足区上游水库电站）	引	300.0	发电取水
6	大足区	大足区中敖镇天台村上游水库	105°36′33″E	29°48′11″N	重庆泽足水务投资建设有限公司（天台自来水厂）	提	10.5	其他取水
7	大足区	大足区龙岗街道明星社区1组左岸	105°40′56″E	29°42′34″N	重庆市大足冰洁饮料厂	提	2.9	工业取水（自备）

015

续表

序号	行政区	取水口位置	经度	纬度	取水单位	取水方式	核定年取水量/（万 m³/年）	备注
8	大足区	大足区龙岗街道明星村4组中敖方向200 m	105°40′5.4″E	29°42′43″N	重庆市大足区明星吁砖厂	提	0.9	其他取水
9	大足区	大足区龙岗街道宝林村5、4组胡家沟	105°39′13″E	29°42′59″N	重庆市大足区龙岗街道宝林村居民委员会（宝林沟宝合农业技术开发有限公司电灌站、胡家沟郑家湾提灌站）	提	39.1	农业取水
10	大足区	大足区龙岗街道宝林村13组	105°38′48″E	29°43′23″N	重庆市大足区龙岗街道龙岗村居民委员会（广佛寺提灌站）	提	38.4	农业取水
11	大足区	大足区龙岗街道明星社区2、13、3组	105°40′34″E	29°43′11″N	重庆市大足区龙岗街道明星居民委员会（核桃湾提灌站、烂秸提灌站、西苑高效节水灌区）	提	252.6	农业取水
12	大足区		105°40′51″E	29°42′17″N		提		
13	大足区		105°40′18″E	29°43′39″N		提		
14	大足区		105°40′48″E	29°42′46″N				
15	大足区	大足区龙岗街道明星社区1组	105°41′9″E	29°42′25″N	重庆市大足区龙岗街道明星居民委员会（倒马坎人饮工程）	提	1.5	其他取水
16	大足区	大足区龙岗街道累丰社区4组	105°41′29″E	29°42′21″N	重庆市大足区龙岗街道累丰社区居民委员会（北山一级提灌站）	提	107.5	农业取水
17	大足区	大足区龙岗街道明星村2组	105°41′51″E	29°42′17.5″N	重庆泽足水务投资建设有限公司（前进自来水厂）	提	10.5	其他取水

续表

序号	行政区	取水口位置	经度	纬度	取水单位	取水方式	核定年取水量/(万m³/年)	备注
18	大足区	大足区棠香街道金星社区8组	105°43′25″E	29°39′2.8″N	重庆市大足区棠香街道金星社区居民委员会(石斛基地电灌站,雅棠家庭农场金星社区山坪塘取水泵站)	提	35.8	农业取水
19	大足区	大足区棠香街道水峰社区3,6组	105°43′37″E	29°38′51″N	重庆市大足区棠香街道水峰社区居民委员会(同心提灌站,吊楼提灌站)	提	70.2	农业取水
20			105°45′2.8″E	29°41′19″N		提		
21			105°45′11″E	29°41′22″N				
22			105°44′20″E	29°42′19″N				
23	大足区	大足区棠香街道五星社区2,3,9,8,7组	105°44′49″E	29°42′27″N	重庆市大足区棠香街道五星社区居民委员会(天醉苑高效节水电灌站,峦塘提灌站,吊脚楼提灌站,大坟堡提灌站,中和九组提灌站,中和一级提灌站)	提	94.4	农业取水
24			105°45′11″E	29°41′22″N				
25			105°45′4.3″E	29°43′15″N				
26			105°44′51″E	29°42′41″N				
27			105°44′54″E	29°42′57″N				
28	大足区	大足区智凤街道铵云社区1,2组	105°46′54″E	29°39′32″N	重庆市大足区智凤街道铵云社区居民委员会(瓦厂河提灌站,中峰提灌站,铵云二组提灌站)	提	160.0	农业取水
29			105°46′24″E	29°40′8.1″N				
30			105°46′45″E	29°39′47″N				
31	大足区	大足区智凤街道新店社区2,7组	105°45′50″E	29°41′8.9″N	重庆市大足区智凤街道新店社区居民委员会(周家巷提灌站,赖家提灌站,泥巴桥提灌站)	提	30.8	农业取水
32			105°45′55″E	29°40′57″N				
33			105°45′40″E	29°41′18″N				

续表

序号	行政区	取水口位置	经度	纬度	取水单位	取水方式	核定年取水量/（万m³/年）	备注
34	大足区	大足区智凤街道高笋社区6、7、8组	105°46′25″E	29°40′50″N	重庆市大足区智凤街道高笋社区居民委员会（转转河粑粑铺提灌站、圣恩桥提灌站、川主庙提灌站）	提	171.5	农业取水
35	大足区		105°46′23″E	29°40′43″N		提		
36	大足区		105°46′33″E	29°40′7.1″N		提		
37	大足区	大足区智凤街道八里村2、5组	105°48′35.3″E	29°40′41.1″N	重庆市大足区智凤街道八里村村民委员会（2组大浸水小型集中供水、5组同心小型集中供水）	提	2.8	其他取水
38	大足区	支流龙水镇金竹桥河左岸	105°44′25″E	29°34′45″N	重庆鑫业船舶件有限公司	提	3.0	工业取水（自备）
39	大足区	大足区龙水镇西一村支流金竹桥河左岸	105°44′29″E	29°34′28″N	重庆市大足区源鼎混凝土有限公司	提	9.5	工业取水（自备）
40	大足区	大足区龙水镇工业园区支流金竹桥河左岸	105°44′26″E	29°35′2.1″N	大足朝野混凝土有限公司	提	9.5	工业取水（自备）
41	大足区	大足区龙水镇保竹村3、6、9社	105°43′46″E	29°34′26″N	重庆市大足区龙水镇保竹村村民委员会（双朝门水库保竹村提灌站、渔箭码头ುಪ提灌站、玉滩水库回龙湾提灌站）	提	76.0	农业取水
42	大足区		105°44′8.3″E	29°33′28″N		提		
43	大足区		105°43′11″E	29°33′51″N		提		

续表

序号	行政区	取水口位置	经度	纬度	取水单位	取水方式	核定年取水量/(万 m³/年)	备注
44	大足区	大足区龙水镇车辅社区4,7组	105°44′35″E	29°37′9.7″N	重庆市大足区龙水镇车辅社区居民委员会(中农竹丰农业发展有限公司提灌站、五里冲水库雷竹提灌站、大堰水车大堰提灌站)	提	80.0	农业取水
45	大足区		105°44′56″E	29°37′28″N				
46	大足区		105°44′51″E	29°36′47″N				
47	大足区	大足区龙水镇明光社区1组	105°45′2.0″E	29°33′35″N	重庆市大足区龙水镇明光社区居民委员会(左岸燕子岩提灌站)	提	15.0	农业取水
48	大足区	大足区龙水镇幸光社区5,6组	105°46′32″E	29°33′53″N	重庆市大足区龙水镇幸光社区居民委员会(左岸沙沙坡提灌站、小王滩河左岸高桥坝灌站)	提	16.5	农业取水
49	大足区		105°46′32″E	29°34′6.5″N				
50	大足区	大足区龙水镇龙东社区7组	105°46′10″E	29°35′20″N	重庆市大足区龙水镇龙东社区居民委员会(张家院子提灌站、杨家院子提灌站)	提	24.0	农业取水
51	大足区		105°46′19″E	29°35′4.9″N				
52	大足区	大足区龙水镇八柱村6组	105°42′34″E	29°34′45″N	重庆市大足区龙水镇八柱村村民委员会(鲤鱼桥沟提灌站)	提	42.0	农业取水
53	大足区	大足区龙水镇大围村8,9组	105°41′1.0″E	29°34′56″N	重庆市大足区龙水镇大围村村民委员会(玉滩水车何家塘提灌站、玉滩水车黄沙坡提灌站)	提	60.0	农业取水
54	大足区		105°42′16″E	29°34′52″N				

续表

序号	行政区	取水口位置	经度	纬度	取水单位	取水方式	核定年取水量/（万 m³/年）	备注
55	大足区	大足区龙水镇黄泥村1,2组	105°46′30.14″E	29°36′59.72″N	重庆市大足区龙水镇黄泥村村民委员会（黄泥一社提灌站、红岩子提灌站）	提	24.0	农业取水
56	大足区		105°46′17″E	29°36′21″N				
57	大足区		105°45′42″E	29°36′44″N				
58	大足区	大足区龙水镇复隆村1,2,3,5组	105°46′16″E	29°36′36″N	重庆市大足区龙水镇复隆村村民委员会（安家桥提灌站、市花林提灌站、转角塘提灌站、潘家滩提灌站）	提	74.0	农业取水
59	大足区		105°46′3.98″E	29°36′12″N				
60	大足区		105°45′59″E	29°35′45″N				
61	大足区	大足区龙水镇桥亭村1,2,6,7组	105°46′31″E	29°37′51″N	重庆市大足区龙水镇桥亭村村民委员会（高桥提灌站、桥亭子提灌站、欧进提灌站、高岩子提灌站）	提	108.0	农业取水
62	大足区		105°46′37″E	29°37′20″N				
63	大足区		105°46′54″E	29°38′22″N				
64	大足区		105°46′43″E	29°38′12″N				
65	大足区	大足区龙水镇盐河社区7,8,9组	105°45′26″E	29°37′49″N	重庆市大足区龙水镇盐河社区居民委员会（黄家院子提灌站、8组提灌站、盐井河坝提灌站）	提	70.0	农业取水
66	大足区		105°45′21″E	29°37′36″N				
67	大足区		105°45′43″E	29°37′57″N				
68	大足区	重庆市大足区珠溪镇船苗子西侧500 m	105°46′30.1″E	29°36′59.7″N	重庆市大足区黄泥自来水厂（黄泥村集中供水工程）	提	9.5	其他取水
69	大足区	大足区珠溪镇玉滩村玉滩水库	105°41′14.3″E	29°32′53.2″N	重庆市玉滩水库有限责任公司（大足区玉滩河坝电站）	引	4 500.0	发电取水

续表

序号	行政区	取水口位置	经度	纬度	取水单位	取水方式	核定年取水量/（万 m³/年）	备注
70	大足区	大足区珠溪镇八角村2组珠溪河	105°38′31.4″E	29°33′53.4″N	重庆市大足区珠溪镇八角村村民委员会（珠溪河胡安桥提灌站）	提	20.0	农业取水
71	大足区	大足区珠溪镇小滩村5、9组	105°39′2.92″E	29°30′32.7″N	重庆市大足区珠溪镇小滩村村民委员会（土丰农业科技发展有限公司电灌站，重庆新潮阳农业发展有限公司）	提	35.0	农业取水
72	大足区		105°39′29.9″E	29°31′8.36″N				
73	荣昌区	荣昌区安富街道垭口村濑溪河左岸	105°26′19.46″E	29°22′43.93″N	重庆市富艺陶瓷有限公司	提	0.8	工业取水（自备）
74	荣昌区	濑溪河荣昌区厂顺街道河段右岸	105°31′39.04″E	29°22′14.59″N	重庆永荣矿业有限公司发电厂	提	262.8	发电取水
75	荣昌区	濑溪河荣昌区清升镇河段左岸	105°30′37.44″E	29°20′25.62″N	重庆嘉陵益民特种装备有限公司	提	100.0	城镇公共用水、城镇工业用水、城镇生活用水
76	荣昌区	濑溪河支流荣昌区安富街道洗布潭村源头小溪沟—昌木沟	105°26′53.02″E	29°21′32.00″N	重庆市荣昌区富洋山泉纯净水有限公司	引	0.8	工业取水（自备）
77	荣昌区	清升镇漫水桥村墩河坝濑溪河左岸，清升镇濑溪河左岸支流回龙河二流水水库	105°31′48.65″E	29°17′8.63″N	重庆市荣昌区弘禹供水有限责任公司（重庆市荣昌区清升自来水厂）	提	76.5	城镇生活用水

续表

序号	行政区	取水口位置	经度	纬度	取水单位	取水方式	核定年取水量/（万 m³/年）	备注
78	荣昌区	荣昌区清江镇濑溪河清江段左岸	105°28′13.58″E	29°17′14.32″N	重庆市荣昌区弘禹供水有限责任公司（重庆市荣昌区清江自来水厂）	提	36.5	城镇生活用水
79	荣昌区	万灵镇长河偏濑溪河左岸，万灵花河濑溪河左岸支流莲花河莲花庵水库	105°38′35.52″E	29°27′52.27″N	重庆市荣昌区弘禹供水有限责任公司（重庆市荣昌区万灵自来水厂）	提	48.2	城镇生活用水
80	荣昌区	荣昌区昌州街道杜家坝社区濑溪河段	105°35′50.28″E	29°25′54.26″N	重庆昌元化工集团有限公司	提	210.0	工业取水（自备）
81	荣昌区	荣昌区万灵镇濑溪河干流高店子河段左岸	105°37′2.29″E	29°26′44.76″N	重庆渝荣水务有限公司（黄金坡水厂）	提	1 597.0	城镇公共用水、城镇工业用水、城镇生活用水
82	荣昌区	荣昌区广顺街道高瓷村濑溪河右岸延竹林提灌站	105°32′40.67″E	29°22′37.99″N	重庆市荣昌区广顺街道高瓷村村民委员会	提	5.6	农业取水、其他取水
83	荣昌区	荣昌区广顺街道高瓷村濑溪河右岸高瓷提灌站	105°32′6.58″E	29°22′24.78″N	重庆市荣昌区广顺街道高瓷村村民委员会	提	10.2	农业取水、其他取水
84	荣昌区	荣昌区广顺街道高瓷村濑溪河右岸凉村提灌站	105°33′15.77″E	29°22′44.98″N	重庆市荣昌区广顺街道高瓷村村民委员会	提	6.8	农业取水
85	荣昌区	荣昌区广顺街道高瓷村濑溪河右岸汪家河坝提灌站	105°33′32.58″E	29°22′59.66″N	重庆市荣昌区广顺街道高瓷村村民委员会	提	3.1	农业取水
86	荣昌区	荣昌区广顺街道高瓷村濑溪河右岸下土堆提灌站	105°33′6.23″E	29°22′25.39″N	重庆市荣昌区广顺街道高瓷村村民委员会	提	10.0	农业取水

第二章 流域自然和社会经济现状

续表

序号	行政区	取水口位置	经度	纬度	取水单位	取水方式	核定年取水量/（万m³/年）	备注
87	荣昌区	荣昌区广顺街道高瓷村濑溪河右岸许溪提灌站	105°33′14.11″E	29°22′44.08″N	重庆市荣昌区广顺街道高瓷村村民委员会	提	30.1	农业取水、其他取水
88	荣昌区	荣昌区广顺街道柳坝村濑溪河右岸阿弥陀佛泵站	105°31′9.98″E	29°21′42.37″N	重庆市荣昌区广顺街道柳坝村村民委员会	提	10.5	农业取水、其他取水
89	荣昌区	荣昌区广顺街道柳坝村濑溪河右岸高桥泵站	105°31′18.37″E	29°21′21.24″N	重庆市荣昌区广顺街道柳坝村村民委员会	提	11.4	农业取水、其他取水
90	荣昌区	荣昌区广顺街道柳坝村濑溪河左岸沙坝子提灌站	105°31′30.07″E	29°21′1.26″N	重庆市荣昌区广顺街道柳坝村村民委员会	提	9.1	农业取水、其他取水
91	荣昌区	荣昌区广顺街道柳坝村濑溪河左岸石梁子泵站	105°31′35.33″E	29°21′46.55″N	重庆市荣昌区广顺街道柳坝村村民委员会	提	2.5	农业取水
92	荣昌区	荣昌区广顺街道沿河村濑溪河左岸廖家沱提灌站	105°32′20.26″E	29°20′7.15″N	重庆市荣昌区广顺街道沿河村村民委员会	提	27.2	农业取水、其他取水
93	荣昌区	荣昌区广顺街道濑溪河左岸土地滩提灌站	105°31′43.97″E	29°21′47.74″N	重庆市荣昌区广顺街道沿河村村民委员会	提	38.6	农业取水、其他取水
94	荣昌区	荣昌区清江镇塔水村濑溪河左岸蚂蟥于提灌站	105°29′14.75″E	29°19′37.06″N	荣昌区清江镇蚂蟥于灌区农民用水户协会	提	81.9	农业取水、其他取水
95	荣昌区	荣昌区清江镇河中村濑溪河中提灌站	105°28′25.54″E	29°18′4.46″N		提	5.0	农业取水
96	荣昌区	荣昌区清江镇河中村濑溪河左岸狮子坡提灌站	105°28′37.67″E	29°19′3.29″N	荣昌区清江镇梧桐于灌区农民用水户协会	提	38.2	农业取水、其他取水
97	荣昌区	荣昌区清江镇分水村濑溪河左岸刘扁提灌站	105°28′20.46″E	29°17′58.27″N	荣昌区清江镇刘扁灌区农民用水户协会	提	113.0	农业取水、其他取水

023

续表

序号	行政区	取水口位置	经度	纬度	取水单位	取水方式	核定年取水量/（万m³/年）	备注
98	荣昌区	荣昌区安富街道红庙社区濑溪河右岸孔岙孔湾提灌站	105°29′52.01″E	29°20′19.00″N	重庆市荣昌区安富街道红庙社区居民委员会	提	10.1	农业取水
99	荣昌区	荣昌区安富街道红庙社区濑溪河右岸小河坝提灌站	105°29′49″E	29°20′14″N	重庆市荣昌区安富街道红庙社区居民委员会	提	11.2	农业取水
100	荣昌区	荣昌区安富街道红庙社区濑溪河漫水桥提灌站	105°30′29″E	29°20′36″N	重庆市荣昌区安富街道红庙社区居民委员会	提	144.1	农业取水
101	荣昌区	荣昌区广顺街道沿河村濑溪河左岸	105°31′42.42″E	29°21′46.84″N	重庆市荣昌区广顺街道沿河村村民委员会（廖家沱取水泵站）	提	46.0	农业取水
102	荣昌区	荣昌区广顺街道沿河村濑溪河左岸	105°33′10.33″E	29°22′14.81″N	重庆市荣昌区广顺街道沿河村村民委员会（河包台（新）取水泵站）	提	7.2	农业取水
103	荣昌区	荣昌区广顺街道柳坝村濑溪河左岸	105°31′21.72″E	29°21′22.86″N	重庆市荣昌区广顺街道柳坝村村民委员会（柳坝十二社取水泵站）	提	3.9	农业取水
104	荣昌区	荣昌区广顺街道天常村濑溪河左岸	105°31′29.78″E	29°20′54.10″N	重庆市荣昌区广顺街道天常村村民委员会（母猪沱（新）取水泵站）	提	57.3	农业取水
105	荣昌区	荣昌区广顺街道高瓷村濑溪河右岸	105°33′7.20″E	29°22′36.12″N	重庆市荣昌区广顺街道高瓷村村民委员会（上土堆取水泵站）	提	6.7	农业取水

续表

序号	行政区	取水口位置	经度	纬度	取水单位	取水方式	核定年取水量/（万m³/年）	备注
106	荣昌区	荣昌区广顺街道沿河村濑溪河左岸	105°32′46.07″E	29°22′11.39″N	重庆市荣昌区广顺街道沿河村民委员会[石码头（新）取水泵站]	提	28.4	农业取水
107	荣昌区	荣昌区广顺街道沿河村濑溪河左岸	105°32′14.50″E	29°22′13.15″N	重庆市荣昌区广顺街道沿河村民委员会[土地滩（新）取水泵站]	提	36.9	农业取水
108	荣昌区	荣昌区广顺街道天常村濑溪河左岸支流同兴河右岸	105°32′29.94″E	29°21′18.97″N	重庆市荣昌区广顺街道天常村民委员会（天常六社取水泵站）	提	6.3	农业取水
109	荣昌区	荣昌区昌州街道七宝岩村濑溪河左岸	105°33′12.71″E	29°22′16.57″N	重庆市荣昌区昌州街道七宝岩村村委会（其常寺新取水泵站）	提	30.0	农业取水
110	荣昌区	荣昌区昌州街道七宝岩村濑溪河左岸	105°33′34.78″E	29°22′38.75″N	重庆市荣昌区昌州街道七宝岩村村委会（龙古嘴取水泵站）	提	6.9	农业取水
111	荣昌区	荣昌区昌州街道七宝岩村濑溪河左岸	105°33′34.13″E	29°22′39.11″N	重庆市荣昌区昌州街道七宝岩村民委员会（龙古嘴取水泵站）	提	46.8	农业取水
112	荣昌区	荣昌区昌州街道七宝岩村濑溪河左岸	105°34′9.59″E	29°23′19.61″N	重庆市荣昌区昌州街道七宝岩村民委员会（七宝岩新取水泵站）	提	7.5	农业取水

续表

序号	行政区	取水口位置	经度	纬度	取水单位	取水方式	核定年取水量/（万 m³/年）	备注
113	荣昌区	荣昌区昌州街道石河滩溪河左岸支流石河子河左岸	105°34′42.42″E	29°22′9.84″N	重庆市荣昌区昌州街道石河村村民委员会（石河子河取水泵站）	提	8.1	农业取水
114	荣昌区	荣昌区万灵镇玉鼎村濑溪河右岸	105°38′0.35″E	29°28′34.82″N	重庆市荣昌区古昌镇人民政府（古昌第一取水泵站）	提	54.6	农业取水
115	荣昌区	荣昌区清升镇濑溪河古岸支流金龙湖河右岸	105°31′32.77″E	29°17′28.75″N	重庆市荣昌区清升镇古佛山社区居民委员会（回龙庙取水泵站）	提	4.5	农业取水
116	荣昌区	荣昌区清升镇漫水桥村濑溪河左岸	105°29′42.50″E	29°19′57.72″N	重庆市荣昌区清升镇漫水桥村村民委员会[邓河坝（大灌区）取水泵站]	提	28.6	农业取水
117	荣昌区	荣昌区清升镇漫水桥村濑溪河左岸	105°30′13.14″E	29°20′4.81″N	重庆市荣昌区清升镇漫水桥村村民委员会（赵河滩取水泵站）	提	4.0	农业取水
118	荣昌区	荣昌区清升镇漫水桥村濑溪河左岸	105°30′19.98″E	29°20′3.01″N	重庆市荣昌区清升镇漫水桥村村民委员会（岩洞取水泵站）	提	3.5	农业取水
119	荣昌区	荣昌区清升镇漫水桥村濑溪河左岸	105°31′8.51″E	29°20′54.24″N	重庆市荣昌区清升镇漫水桥村村民委员会（石莲庵大灌区取水泵站）	提	36.0	农业取水

续表

序号	行政区	取水口位置	经度	纬度	取水单位	取水方式	核定年取水量/（万 m³/年）	备注
120	荣昌区	荣昌区清升镇漫水桥村濑溪河左岸	105°31′13.19″E	29°20′51.43″N	重庆市荣昌区清升镇漫水桥村村民委员会（石莲庵取水泵站）	提	4.0	农业取水
121	荣昌区	荣昌区万灵镇大荣寨社区濑溪河右岸	105°38′33.52″E	29°29′21.22″N	重庆市荣昌区万灵镇大荣寨社区居民委员会（万灵寺取水泵站）	提	18.5	农业取水
122	荣昌区	荣昌区万灵镇尚书村濑溪河左岸	105°37′58.36″E	29°27′44.10″N	重庆市荣昌区万灵镇尚书村村民委员会（罗家祠取水泵站）	提	15.8	农业取水
123	荣昌区	荣昌区万灵镇尚书村濑溪河左岸	105°38′16.20″E	29°28′23.1″N	重庆市荣昌区万灵镇尚书村村民委员会（长河偏取水泵站）	提	34.6	农业取水
124	荣昌区	荣昌区万灵镇沙堡村濑溪河左岸	105°37′7.21″E	29°26′55″N	重庆市荣昌区万灵镇沙堡村村民委员会（沙堡取水泵站）	提	19.8	农业取水
125	荣昌区	荣昌区万灵镇沙堡村濑溪河左岸	105°37′16.03″E	29°27′31.08″N	重庆市荣昌区万灵镇沙堡村村民委员会（小滩子取水泵站）	提	6.3	农业取水
126	荣昌区	荣昌区万灵镇玉鼎村濑溪河右岸	105°38′7.33″E	29°27′58.94″N	重庆市荣昌区万灵镇玉鼎村村民委员会（食菌生产示范取水泵站）	提	5.3	农业取水

027

续表

序号	行政区	取水口位置	经度	纬度	取水单位	取水方式	核定年取水量/(万 m³/年)	备注
127	荣昌区	荣昌区万灵镇玉鼎村濑溪河右岸	105°37′35.71″E	29°27′48.27″N	重庆市荣昌区万灵镇玉鼎村村民委员会(桐子坡取水泵站)	提	11.9	农业取水
128	荣昌区	荣昌区万灵镇玉鼎村支流田家河右岸	105°36′44.66″E	29°28′57.43″N	重庆市荣昌区万灵镇玉鼎村村民委员会(响水滩取水泵站)	提	10.6	农业取水
129	荣昌区	荣昌区万灵镇玉鼎村支流田家河右岸	105°37′55.31″E	29°28′45.19″N	重庆市荣昌区万灵镇玉鼎村村民委员会(玉鼎山取水泵站)	提	15.8	农业取水
130	荣昌区	荣昌区万灵镇玉鼎村濑溪河右岸	105°36′56.02″E	29°28′7.04″N	重庆市荣昌区万灵镇玉鼎村村民委员会(龙湾沱取水泵站)	提	23.8	农业取水
131	荣昌区	重庆市荣昌区清江镇河中村濑溪河左岸	105°28′38.93″E	29°19′3.86″N	重庆市荣清园农业有限公司	提	5.8	其他取水
132	荣昌区	荣昌区昌元街道中科路(2020-RC-1-05地块)濑溪河左岸	105°34′39.55″E	29°24′22.23″N	重庆市实田置业有限公司	提	0.5	其他取水
133	荣昌区	濑溪河荣昌区广顺街道高 矴村濑溪河段	105°34′35″E	29°24′19″N	重庆市荣昌区濑溪水利发电有限责任公司	蓄	11 670.0	发电取水

2.2.4.3 用水总量及水平现状

根据《重庆市水资源公报2020》，濑溪河流域大足区和荣昌区现状供水总量2.720 3亿 m³，其中地表水供水2.555 4亿 m³，地下水供水0.111 4亿 m³，其他供水0.053 5亿 m³。2020年，大足区总用水量1.448 7亿 m³，荣昌区总用水量1.271 6亿 m³。流域内涉及行政区的现状总用水量2.720 3亿 m³，其中生活用水量0.717 4亿 m³，占比56.16%；第一产业用水量1.527 8亿 m³，占比9.91%；第二产业用水量0.269 5亿 m³，占比0.34%；第三产业用水量0.106 3亿 m³，占比3.91%；生态环境补水量0.099 3亿 m³，占比3.65%，详情见表2.2-4。

表2.2-4 濑溪河流域供水量和用水量统计（2020年）

行政区	供水量/亿 m³				用水量/亿 m³					
^	地表水	地下水	其他	总供水量	生活	生产			生态环境补水量	总用水量
^	^	^	^	^	^	第一产业	第二产业	第三产业	^	^
大足区	1.387 0	0.061 7	—	1.448 7	0.390 2	0.832 2	0.125 7	0.070 5	0.030 1	1.448 7
荣昌区	1.168 4	0.049 7	0.053 5	1.271 6	0.327 2	0.695 6	0.143 8	0.035 8	0.069 2	1.271 6
合计	2.555 4	0.111 4	0.053 5	2.720 3	0.717 4	1.527 8	0.269 5	0.106 3	0.099 3	2.720 3

从用水情况来看，2020年大足区和荣昌区人均综合用水量分别为174 m³、190 m³，低于全市平均水平219 m³；万元GDP用水量分别为21 m³、18 m³，低于全市平均水平28 m³；农田灌溉亩均用水量分别为355 m³/亩、365 m³/亩，高于全市平均水平319 m³/亩；城镇居民生活人均日用水量分别为148 L、150 L，低于全市平均水平163 L；农田灌溉水有效利用系数分别为0.505 1、0.503 2，分别高于、低于全市平均水平0.503 7。总体来说，濑溪河流域的用水效率较高，除农田灌溉亩均用水量高于全市平均水平，其余用水指标大多优于全市平均水平。详情见表2.2-5。

表2.2-5 濑溪河流域用水情况统计（2020年）

地区	人均综合用水量/m³	万元GDP用水量/m³	农田灌溉亩均用水量/(m³/亩)	城镇居民生活人均日用水量/L	农田灌溉水有效利用系数
大足区	174	21	355	148	0.505 1
荣昌区	190	18	365	150	0.503 2
重庆市	219	28	319	163	0.503 7

2.2.5 水利建设工程

2.2.5.1 供水工程及梯级建设

濑溪河干流珠溪镇上游有已建成的大型水利工程——玉滩水库扩建工程，其工程任务为灌溉、供水等水资源综合利用。该工程是重庆市西部供水规划确定的四大供水工程之一，也是濑溪河流域农田灌溉及城镇供水的主要水源工程。玉滩水库总库容为1.496亿m^3，坝址控制流域面积865 km^2。水库布置有3孔溢洪道，每孔净宽为12 m，正常蓄水位351.60 m，校核洪水位353.32 m。水库设计标准为100年一遇洪水，校核洪水标准为2 000年一遇洪水。

此外，玉滩水库坝址上游现有上游、化龙、龙水湖中型水库3座，小型水库109座。其中，上游水库位于濑溪河干流源头，化龙、龙水湖水库均位于濑溪河支流上，3座水库控制流域面积共约80 km^2，合计总库容约6 487万 m^3；小型水库均位于支流上，合计有效库容约3 490万 m^3。

根据《重庆市沱江流域水能资源开发规划修编》，濑溪河流域内已建电站4座，总装机容量4.495 MW。除响水滩水库电站位于濑溪河支流窟窿河以外，其余电站均位于濑溪河干流。

其中，大足区境内电站3座，装机容量4.12 MW，荣昌区境内电站1座，装机容量0.375 MW，详情见表2.2-6。

表2.2-6 濑溪河流域已建电站统计表

序号	电站名称	所在河流	类别	所在行政区	装机容量/MW	多年平均发电量/(万kW·h)
1	上游水库电站	濑溪河	已建	大足区	0.720	232
2	响水滩水库电站	窟窿河	已建	大足区	0.200	55
3	玉滩电站	濑溪河	已建	大足区	3.200	1 300
4	高桥电站	濑溪河	已建	荣昌区	0.375	130
合计					4.495	—

（1）上游水库电站。

上游水库电站为上游水库坝后电站，位于濑溪河干流上游，地处大足区中敖镇双溪村，电站装机容量约720 kW，多年平均发电量约232万 kW·h。

（2）响水滩水库电站。

响水滩水库电站位于濑溪河支流窟窿河上，地处大足区季家镇新水村，电站装机容量约200 kW，多年平均发电量约55万kW·h。

(3) 玉滩电站。

玉滩电站为玉滩水库坝后电站，位于濑溪河干流，地处大足区珠溪镇玉滩村，坝址以上控制集雨面积为865 km²，电站装机容量约3 200 kW(2×1 600 kW)，多年平均发电量约1 300万kW·h。

(4) 高桥电站。

高桥电站位于荣昌区广顺街道柳坝村9社，建于1988年，2011年完成增效扩容改造。高桥电站采用低坝短渠引水式开发，石砌拦河坝长92 m，坝高1.9 m。拦河坝枢纽为浆砌石重力坝，由大坝、进水口等组成。装机容量375 kW(3×125 kW)，设计水头4.10 m，设计引用流量为16.74 m³/s，多年平均发电量约130万kW·h。高桥电站设计洪水标准为30年一遇，校核洪水标准为200年一遇。

2.2.5.2 堤防工程

除电站外，濑溪河干流共有拦河闸坝13处，其中大足区9处，荣昌区4处，详情见表2.2-7。

表2.2-7 濑溪河流域拦河闸坝统计

序号	所在行政区	所在位置	建筑物名称	结构型式	堰高	堰长	堰顶高程
1	大足区	中敖镇	转洞打米堤	浆砌石连拱坝	2.4	36.5	375.4
2		中敖镇	大屋水碾堤	浆砌石拦河堰	3.0	30.0	376.3
3			麻扬沟小学堰	浆砌石拦河堰	3.0	10.0	378.2
4		大足城区	西门水厂堰	浆砌石拦河堰	2.5	38.2	369.8
5			新堤	翻板闸	5扇3.0×6.0		369.5
6			老堤	翻板闸	4扇4.0×8.0		365.7
7		智凤街道	登云堰	折线型实用堰	5.0	50.0	362.3
8		龙水镇	鱼剑滩堰	实用堰	4.1	68.0	354.3
9			石滚滩堰	翻板闸	7扇2.5×6.0		358.4
10	荣昌区	万灵镇	万灵溢流坝	重力式	2.0	66.0	309.5
11		荣昌城区	景观坝	景观钢坝	12.3	—	—
12		广顺街道	高石桥拦河堰	浆砌石重力坝	1.9	92.0	297.5
13		安富街道	墩滩船闸	浆砌石重力坝	—	—	—

第三章
评估单元划分

3.1 划分原则

（1）以流域范围内的最小自然单元（集水区域）为基础，根据流域自然条件的一致性和相似性特征进行最小自然单元合并。

（2）综合考虑流域自然地理单元、行政区划管理单元与流域环境管理单元的空间叠置关系及其组合的一致性。

（3）以自然地理单元为主，结合行政区划管理单元，参考《重点流域水污染防治规划（2011—2015年）》中控制单元的划分，使评估单元大小基本与乡镇区划保持一致。

3.2 划分方法

流域评估单元的划分主要包括两部分：一是进行流域内部的子流域划分；二是结合行政区划对边界进行修改和调整。此处主要介绍流域内部的子流域自动划分方法。

3.2.1 基本原理及应用的软件

流域生成的基本原理为：首先确定流域的出水口，即集水区的最低点，然后结合水流方向，分析搜索出该出水口上游所有流过该出水口的栅格，到流域的边界（分水岭）为止。

评估单元的划分是基于ArcGIS软件的空间水文分析模块（Hydrology Modeling）完成的，基础数据为数字高程模型（DEM）数据。DEM数据精度应根据流域的地形地貌特征，以能够满足小流域单元空间划分要求为依据。

3.2.2 主要步骤

(1)生成无洼地 DEM 数据。

先利用水流方向数据计算 DEM 数据的洼地区域,并计算其洼地深度,然后,依据这些洼地深度设定填充阈值,进行洼地填充,最后生成无洼地 DEM 数据。

(2)计算水流方向。

主要通过水文(Hydrology)分析工具集中的流向工具(Flow Direction)完成。其原理是对中心栅格的8个邻域栅格编码,中心栅格的水流方向便可由其中某一值来确定。

(3)计算汇流累积量。

汇流累积量的计算是基于水流方向数据进行的。以规则格网表示的 DEM,其每点上有一个单位的水量,按照自然水流从高处往低处流的规律,根据区域地形的水流方向数据计算每点流过的水量数值,这样便得到了该区域的汇流累积量。该计算是通过水文(Hydrology)分析工具集中的汇流累积工具(Flow Accumulation)完成的。

(4)提取河网水系。

河网水系的提取主要采用的是地表径流漫流模型。当汇流累积量达到一定数值的时候就会产生地表水流,所有汇流累积量大于临界值的栅格就是潜在的水流路径,由这些水流路径构成的网络就是河网。

(5)分割流域。

流域是由分水岭分割而成的汇水区域。根据水流方向确定出所有相互连接并处于同一流域的栅格,即为一个子流域。

3.3 划分结果

根据上述方法,将濑溪河流域划分为6个子流域(控制单元),分别为濑溪河源头、大足城区、玉滩水库、窟窿河流域、荣昌城区及濑溪河下游。濑溪河流域水生态健康评估控制单元划分情况见表3.3-1和图3.3-1。

表3.3-1 濑溪河流域水生态健康评估控制单元划分统计

控制单元	子流域名称	所属行政区	涵盖镇街名单
子流域1	濑溪河源头	大足区	高坪镇、中敖镇
子流域2	大足城区	大足区	龙岗街道、棠香街道、智凤街道、宝顶镇
子流域3	玉滩水库	大足区	龙水镇、玉龙镇、珠溪镇、龙石镇
		荣昌区	河包镇
子流域4	窟窿河流域	大足区	三驱镇、宝兴镇、铁山镇、高升镇、季家镇
子流域5	荣昌城区	荣昌区	昌元街道、昌州街道、峰高街道、荣隆镇、仁义镇、直升镇、万灵镇、古昌镇
子流域6	濑溪河下游	荣昌区	广顺街道、双河街道、安富街道、清升镇、清江镇

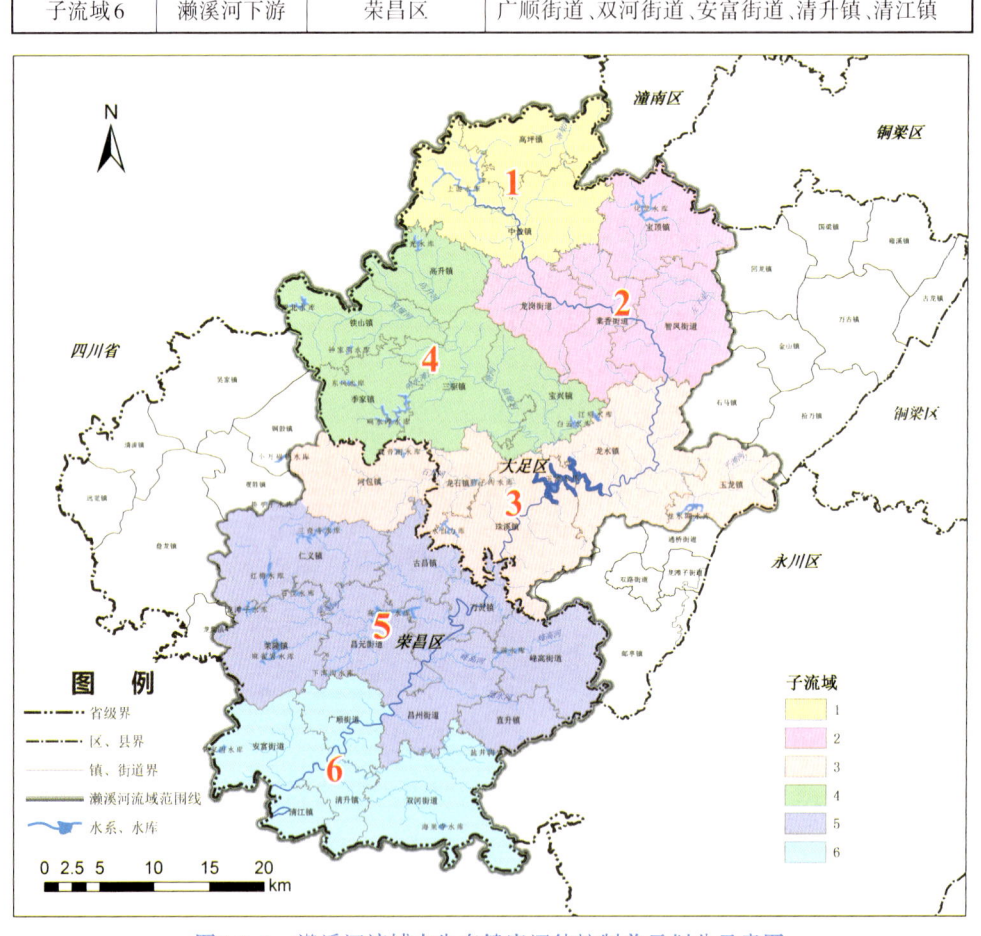

图3.3-1 濑溪河流域水生态健康评估控制单元划分示意图

第四章
流域水环境及污染现状调查

4.1 水环境质量现状

4.1.1 监测断面分布情况

（1）常规水质监测断面。

濑溪河干流重庆段现有地表水国控断面5个，其中大足区3个，荣昌区2个，从上游到下游依次为关圣新堤、鱼剑堤、玉滩水库、界牌和高洞电站。其中，关圣新堤断面是濑溪河源头附近（中敖镇关圣村）的对照断面；界牌断面在大足和荣昌两区交界处，为"十四五"新增考核断面；高洞电站断面在濑溪河流出荣昌区、流入四川省的界线上。玉滩水库为濑溪河干流上的中大型水库，其库心监测断面同属每月日常例行监测的断面。另外，在玉滩水库入口处"十四五"新增了鱼剑堤考核断面。濑溪河流域常规水质监测断面位置分布情况见图4.1-1，基本情况见表4.1-1。

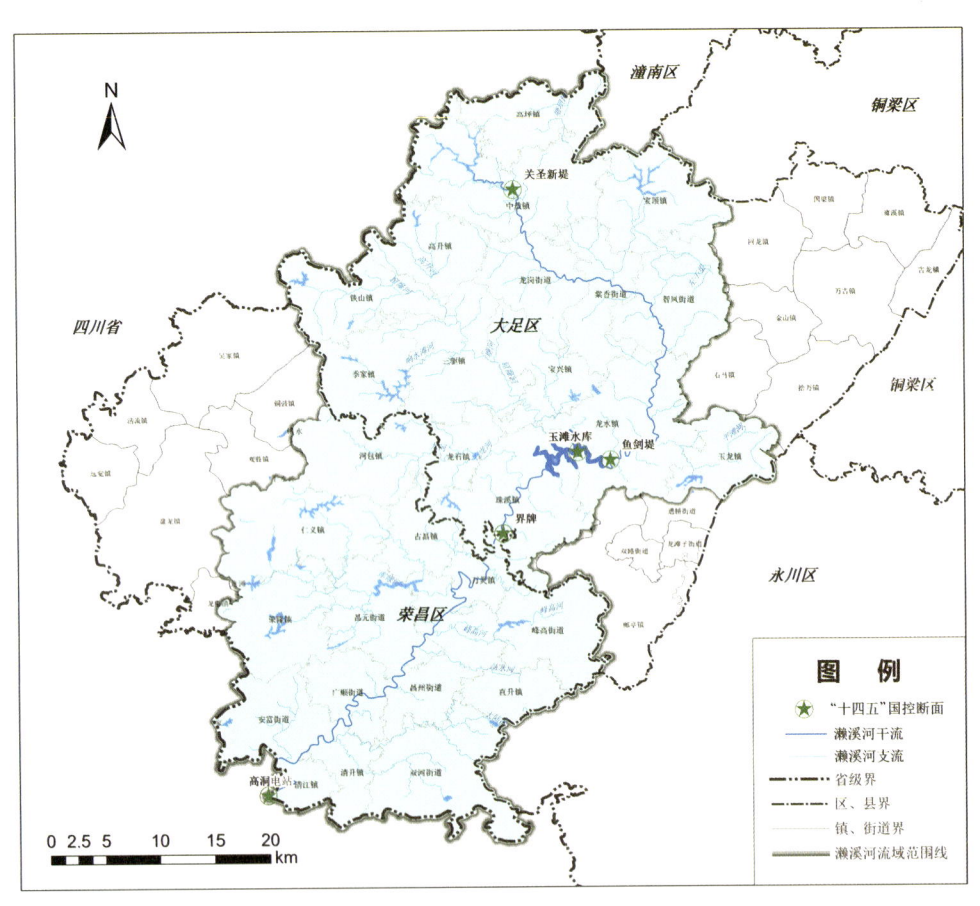

图4.1-1　濑溪河流域常规水质监测断面位置分布图

表4.1-1　濑溪河流域常规水质监测断面基本情况

序号	断面属性	断面名称	水质目标	所在行政区	备注
1	国控考核	关圣新堤	Ⅲ	大足区	源头,原国控评价,"十四五"纳入国控考核
2	国控考核	鱼剑堤	Ⅲ	大足区	"十四五"新增
3	国控考核	玉滩水库	Ⅲ	大足区	水库型
4	国控考核	界牌	Ⅲ	荣昌区	"十四五"新增,区县界断面（大足区与荣昌区）
5	国控考核	高洞电站	Ⅲ	荣昌区	省界断面（重庆市荣昌区与四川省泸州市泸县）

（2）自行加密监测断面。

濑溪河流域共设置有36个自行加密监测断面，涉及6个子流域。其中子流域1濑溪河源头，共3个断面；子流域2大足城区，共4个断面；子流域3玉滩水库，共7个断面；子流域4窟窿河流域，共5个断面；子流域5荣昌城区，共10个断面；子流域6濑溪河下游，共7个断面。濑溪河流域自行加密监测断面基本情况见表4.1-2，位置分布情况见图4.1-2。

表4.1-2　濑溪河流域自行加密监测断面基本情况

序号	控制单元	子流域名称	监测断面点位	所在行政区	所在镇街
1	子流域1	濑溪河源头	上游水库	大足区	中敖镇
2	子流域1	濑溪河源头	关圣新堤	大足区	中敖镇
3	子流域1	濑溪河源头	中敖镇	大足区	中敖镇
4	子流域2	大足城区	龙岗街道	大足区	龙岗街道
5	子流域2	大足城区	棠香街道	大足区	棠香街道
6	子流域2	大足城区	智凤街道	大足区	智凤街道
7	子流域2	大足城区	宝顶镇（化龙溪）	大足区	宝顶镇
8	子流域3	玉滩水库	龙水镇	大足区	龙水镇
9	子流域3	玉滩水库	玉龙镇（小玉滩河）	大足区	玉龙镇
10	子流域3	玉滩水库	玉滩水库库心	大足区	珠溪镇
11	子流域3	玉滩水库	珠溪镇（荣昌入境）	大足区	珠溪镇
12	子流域3	玉滩水库	珠溪河	大足区	珠溪镇
13	子流域3	玉滩水库	龙石镇（珠溪河）	大足区	龙石镇
14	子流域3	玉滩水库	河包镇（荣昌）（珠溪河）	荣昌区	河包镇
15	子流域4	窟窿河流域	三驱镇（窟窿河）	大足区	三驱镇
16	子流域4	窟窿河流域	宝兴镇（窟窿河）	大足区	宝兴镇
17	子流域4	窟窿河流域	铁山镇（窟窿河）	大足区	铁山镇
18	子流域4	窟窿河流域	高升镇（高升河）	大足区	高升镇
19	子流域4	窟窿河流域	季家镇（响水滩河）	大足区	季家镇
20	子流域5	荣昌城区	昌元街道（新峰河）	荣昌区	昌元街道
21	子流域5	荣昌城区	昌元街道	荣昌区	昌元街道
22	子流域5	荣昌城区	昌州街道	荣昌区	昌州街道
23	子流域5	荣昌城区	新峰河	荣昌区	昌州街道
24	子流域5	荣昌城区	峰高街道（荣峰河）	荣昌区	峰高街道
25	子流域5	荣昌城区	荣隆镇（新峰河）	荣昌区	荣隆镇

续表

序号	控制单元	子流域名称	监测断面点位	所在行政区	所在镇街
26	子流域5	荣昌城区	仁义镇(新峰河)	荣昌区	仁义镇
27			直升镇(池水河)	荣昌区	直升镇
28			万灵镇	荣昌区	万灵镇
29			古昌镇(新峰河)	荣昌区	古昌镇
30	子流域6	濑溪河下游	广顺街道	荣昌区	广顺街道
31			双河街道(清水河)	荣昌区	双河街道
32			双河街道(白云溪河)	荣昌区	双河街道
33			洗布潭河	荣昌区	安富街道
34			安富街道	荣昌区	安富街道
35			清升镇	荣昌区	清升镇
36			高洞自动站	荣昌区	清江镇

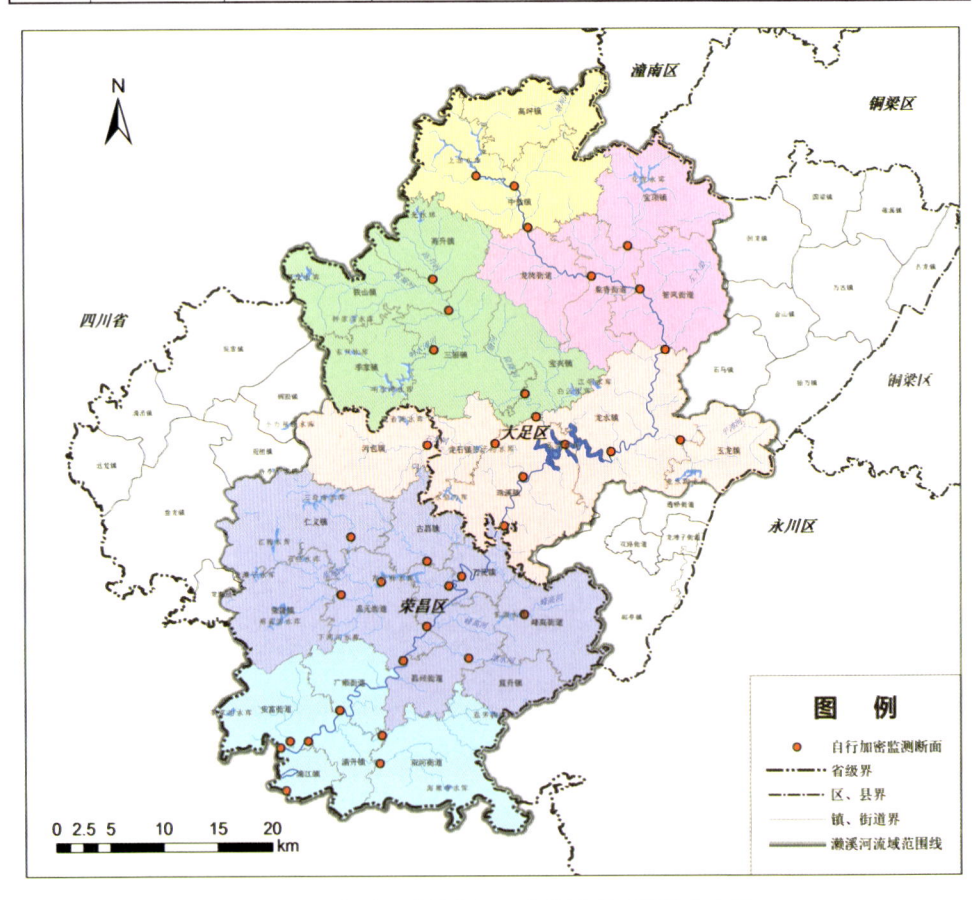

图 4.1-2　濑溪河流域自行加密监测断面位置分布图

4.1.2 监测指标、方法及频次

(1)常规水质监测断面。

每年监测12次(每月1次),监测指标为《地表水环境质量标准》(GB 3838—2002)表1中的21项指标,分别为pH值、溶解氧、高锰酸盐指数、化学需氧量(COD)、五日生化需氧量(BOD$_5$)、氨氮(NH$_3$-N)、总磷(以P计)、铜、锌、氟化物(以F$^-$计)、硒、砷、汞、镉、铬(六价)、铅、氰化物、挥发酚、石油类、阴离子表面活性剂(LAS)、硫化物。玉滩水库断面增加叶绿素a和透明度的监测。样品采集、监测方法等均按照《地表水和污水监测技术规范》(HJ/T 91—2002)执行,分析方法均采用国家标准方法。

(2)自行加密监测断面。

每年监测12次(每月1次),监测指标为《地表水环境质量标准》(GB 3838—2002)表1中的8项指标,分别为水温、pH值、溶解氧、高锰酸盐指数、化学需氧量、氨氮、总磷、总氮(以N计)。样品采集、监测方法等均按照《地表水和污水监测技术规范》(HJ/T 91—2002)执行,分析方法均采用国家标准方法。

4.1.3 水质现状评价

(1)2020年常规水质监测断面评价。

从2020年濑溪河流域常规水质监测断面的逐月水质评价结果来看,高洞电站断面水质良好且稳定,全年逐月水质均稳定在Ⅲ类。关圣新堤、界牌断面逐月水质在Ⅱ—Ⅳ类中波动,其中:关圣新堤断面Ⅱ、Ⅲ、Ⅳ类水质占比分别为50%、42%、8%,主要影响因子为化学需氧量,超标月份为5月;界牌断面Ⅱ、Ⅲ、Ⅳ类水质占比分别为17%、66%、17%,主要影响因子为化学需氧量,超标月份为5月、7月。玉滩水库断面总磷指标按湖、库标准评价,Ⅱ、Ⅲ、Ⅴ类水质占比分别为17%、58%、25%,主要影响因子为总磷,超标月份为1—3月。鱼剑堤断面水质差,超标月份占67%,全年仅4个月能达到Ⅲ类水质,Ⅳ、Ⅴ、劣Ⅴ类水质占比分别为17%、33%、17%,Ⅴ类及劣Ⅴ类水质集中出现在1—5月,主要影响因子有化学需氧量、五日生化需氧量、氨氮、总磷、高锰酸盐指数,其中超标频次最高的因子为化学需氧量、氨氮,超标频次均达到41.7%,超标倍数最大的因子为氨氮,在1月份超标3.1倍。2020年濑溪河流域常规水质监测断面逐月水质情况见表4.1-3及图4.1-3。

表4.1-3 濑溪河流域常规水质监测断面逐月水质情况(2020年)

断面名称	水质目标	逐月水质类别												超标因子(超标频次,最大超标倍数)
^	^	1月	2月	3月	4月	5月	6月	7月	8月	9月	10月	11月	12月	^
关圣新堤	Ⅲ类	Ⅲ	Ⅱ	Ⅱ	Ⅱ	Ⅳ	Ⅲ	Ⅲ	Ⅲ	Ⅲ	Ⅱ	Ⅱ	Ⅱ	化学需氧量(8.3%,0.05)
鱼剑堤	Ⅲ类	劣Ⅴ类	劣Ⅴ类	Ⅴ	Ⅴ	Ⅴ	Ⅲ	Ⅳ	Ⅲ	Ⅴ	Ⅲ	Ⅳ	Ⅲ	化学需氧量(41.7%,0.5)、五日生化需氧量(25%,0.8)、氨氮(41.7%,3.1)、总磷(33.3%,0.8)、高锰酸盐指数(25%,0.2)
玉滩水库	Ⅲ类	Ⅴ	Ⅴ	Ⅴ	Ⅲ	Ⅱ	Ⅱ	Ⅲ	Ⅲ	Ⅲ	Ⅱ	Ⅲ	Ⅲ	总磷(湖、库)(25%,1.3)
界牌	Ⅲ类	Ⅲ	Ⅲ	Ⅲ	Ⅱ	Ⅳ	Ⅱ	Ⅳ	Ⅲ	Ⅲ	Ⅲ	Ⅲ	Ⅲ	化学需氧量(16.7%,0.2)
高洞电站	Ⅲ类	Ⅲ	Ⅲ	Ⅲ	Ⅲ	Ⅲ	Ⅲ	Ⅲ	Ⅲ	Ⅲ	Ⅲ	Ⅲ	Ⅲ	—

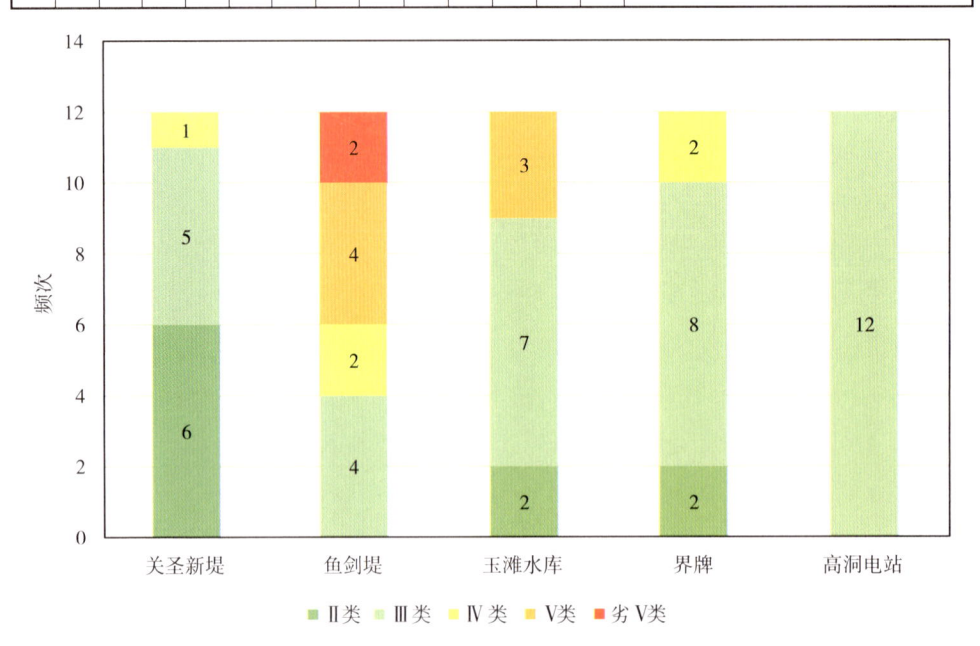

图4.1-3 濑溪河流域常规水质监测断面逐月水质类别频次统计图(2020年)

(2)2020年自行加密监测断面评价。

从2020年36个自行加密监测断面的逐月水质评价结果来看,年均水质类别为Ⅲ类、Ⅳ类、Ⅴ类的断面数量分别为13、22、1个,分别占比36.11%、61.11%、2.78%,总体以Ⅳ类水质为主。从各断面逐月水质超Ⅲ类标准频率来看,除子流域1濑溪河源头外,其余5个子流域超Ⅲ类标准频率均值大多在60%—71%之间。其中,子流域1中超标频率最高达36.36%;子流域2中超标频率最高达81.82%;子流域3中2个断面超标频率最高,达90.91%,且玉龙镇(小玉滩河)断面有7个月水质为Ⅴ类及以下;子流域4中2个断面超标频率最高,达72.73%;子流域5中3个断面全年超标;子流域6中3个断面超标频率最高,达72.73%。从每月各断面超Ⅲ类标准频率来看,最低超标频率为19.44%,出现在10月,最高超标频率为86.11%,出现在5月,全年超标频率高的月份集中出现在3—8月,超标频率均在70%以上,其余月份超标频率在56%以下。2020年濑溪河流域自行加密监测断面逐月水质评价情况,见表4.1-4。

表 4.1-4 濑溪河流域自行加密监测断面逐月水质评价情况（2020 年）

序号	控制单元	监测断面点位	年均类别	1月	3月	4月	5月	6月	7月	8月	9月	10月	11月	12月	超Ⅲ类标准频率
1	子流域1	上游水库	Ⅲ类	Ⅱ类	Ⅲ类	Ⅱ类	Ⅲ类	Ⅳ类	Ⅲ类	Ⅲ类	Ⅱ类	Ⅲ类	Ⅱ类	Ⅲ类	9.09%
2		关圣新堤	Ⅲ类	Ⅲ类	Ⅱ类	Ⅱ类	Ⅳ类	Ⅲ类	Ⅲ类	Ⅱ类	Ⅲ类	Ⅱ类	Ⅲ类	Ⅱ类	9.09%
3		中敖镇	Ⅲ类	Ⅲ类	Ⅲ类	Ⅳ类	Ⅴ类	Ⅳ类	Ⅲ类	Ⅲ类	Ⅲ类	Ⅲ类	Ⅲ类	Ⅳ类	36.36%
4		龙岗街道	Ⅳ类	Ⅳ类	Ⅳ类	Ⅳ类	Ⅳ类	Ⅳ类	Ⅳ类	Ⅳ类	Ⅲ类	Ⅲ类	Ⅲ类	Ⅳ类	72.73%
5	子流域2	棠香街道	Ⅳ类	Ⅳ类	Ⅴ类	Ⅳ类	Ⅳ类	Ⅳ类	Ⅲ类	Ⅳ类	Ⅲ类	Ⅲ类	Ⅳ类	Ⅳ类	72.73%
6		智凤街道	Ⅳ类	劣Ⅴ类	劣Ⅴ类	劣Ⅴ类	劣Ⅴ类	Ⅳ类	Ⅳ类	Ⅳ类	劣Ⅴ类	Ⅲ类	Ⅳ类	Ⅲ类	81.82%
7		宝顶镇（化龙溪）	Ⅳ类	Ⅴ类	Ⅳ类	Ⅴ类	Ⅳ类	Ⅳ类	Ⅴ类	Ⅳ类	Ⅲ类	Ⅲ类	Ⅲ类	Ⅳ类	54.55%
8		龙水镇	Ⅳ类	Ⅴ类	劣Ⅴ类	Ⅴ类	Ⅳ类	Ⅴ类	Ⅴ类	劣Ⅴ类	Ⅳ类	Ⅲ类	Ⅲ类	Ⅳ类	81.82%
9		玉龙镇（小玉滩河）	Ⅴ类	Ⅴ类	Ⅳ类	Ⅴ类	Ⅴ类	Ⅴ类	Ⅳ类	Ⅳ类	Ⅳ类	Ⅳ类	Ⅳ类	Ⅳ类	90.91%
10	子流域3	玉滩水库库心	Ⅲ类	Ⅳ类	Ⅴ类	Ⅲ类	Ⅳ类	Ⅲ类	Ⅲ类	Ⅲ类	Ⅲ类	Ⅲ类	Ⅲ类	Ⅲ类	18.18%
11		珠溪镇（荣昌入境）	Ⅲ类	Ⅲ类	Ⅳ类	Ⅴ类	Ⅳ类	Ⅳ类	Ⅳ类	Ⅲ类	Ⅲ类	Ⅲ类	Ⅲ类	Ⅳ类	45.45%
12		珠溪河	Ⅳ类	Ⅳ类	Ⅳ类	Ⅳ类	Ⅲ类	Ⅳ类	Ⅳ类	Ⅳ类	Ⅳ类	Ⅳ类	Ⅳ类	Ⅳ类	72.73%
13		龙石镇（珠溪河）	Ⅳ类	Ⅳ类	Ⅳ类	Ⅴ类	Ⅳ类	Ⅳ类	Ⅳ类	Ⅳ类	Ⅳ类	Ⅲ类	Ⅳ类	Ⅳ类	72.73%
14		河包镇（荣昌）（珠溪河）	Ⅳ类	Ⅳ类	Ⅴ类	劣Ⅴ类	劣Ⅴ类	Ⅴ类	Ⅳ类	Ⅳ类	Ⅳ类	Ⅳ类	Ⅳ类	Ⅳ类	90.91%
15	子流域4	三驱镇（窟窿河）	Ⅲ类	Ⅲ类	Ⅳ类	Ⅳ类	Ⅳ类	Ⅲ类	Ⅳ类	Ⅲ类	Ⅲ类	Ⅲ类	Ⅲ类	Ⅳ类	72.73%
16		宝兴镇（窟窿河）	Ⅲ类	Ⅱ类	Ⅳ类	Ⅳ类	Ⅳ类	Ⅲ类	Ⅳ类	Ⅲ类	Ⅲ类	Ⅲ类	Ⅲ类	Ⅲ类	45.45%

续表

序号	控制单元	监测断面点位	年均类别	逐月水质类别												超Ⅲ类标准频率
				1月	3月	4月	5月	6月	7月	8月	9月	10月	11月	12月	
17	子流域4	铁山镇（宿隆河）	Ⅳ类	Ⅲ类	Ⅳ类	Ⅴ类	Ⅴ类	Ⅳ类	Ⅲ类	Ⅳ类	Ⅳ类	Ⅲ类	Ⅲ类	Ⅳ类	63.64%
18		高升镇（高升河）	Ⅳ类	Ⅲ类	Ⅳ类	Ⅴ类	Ⅴ类	Ⅳ类	Ⅲ类	Ⅲ类	Ⅳ类	Ⅲ类	Ⅲ类	Ⅲ类	45.45%
19		李家镇（响水滩河）	Ⅳ类	Ⅲ类	Ⅳ类	Ⅳ类	Ⅳ类	Ⅳ类	Ⅴ类	Ⅳ类	Ⅲ类	Ⅲ类	Ⅳ类	Ⅴ类	72.73%
20		昌元街道（新峰河）	Ⅳ类	Ⅲ类	Ⅳ类	Ⅳ类	Ⅳ类	Ⅳ类	Ⅳ类	Ⅳ类	Ⅲ类	Ⅲ类	Ⅲ类	Ⅲ类	54.55%
21		昌州街道	Ⅲ类	Ⅴ类	Ⅳ类	Ⅳ类	劣Ⅴ类	Ⅲ类	Ⅳ类	Ⅳ类	Ⅲ类	Ⅲ类	Ⅲ类	Ⅲ类	63.64%
22		昌州街道	Ⅲ类	Ⅲ类	Ⅴ类	Ⅲ类	Ⅴ类	Ⅲ类	Ⅳ类	Ⅳ类	Ⅳ类	Ⅲ类	Ⅲ类	Ⅳ类	45.45%
23		新峰河	Ⅳ类	Ⅳ类	Ⅳ类	Ⅳ类	劣Ⅴ类	Ⅳ类	Ⅳ类	Ⅳ类	Ⅳ类	Ⅳ类	Ⅲ类	Ⅳ类	54.55%
24	子流域5	峰高街道（荣峰河）	Ⅳ类	Ⅳ类	Ⅳ类	Ⅳ类	Ⅳ类	Ⅳ类	Ⅳ类	Ⅳ类	Ⅳ类	Ⅳ类	Ⅳ类	Ⅳ类	100.00%
25		荣隆镇（新峰河）	Ⅳ类	Ⅲ类	Ⅲ类	Ⅲ类	Ⅳ类	Ⅳ类	Ⅴ类	Ⅳ类	Ⅳ类	Ⅳ类	Ⅳ类	Ⅳ类	100.00%
26		仁义镇（新峰河）	Ⅲ类	Ⅳ类	Ⅲ类	Ⅱ类	Ⅳ类	Ⅲ类	Ⅲ类	Ⅳ类	Ⅳ类	Ⅲ类	Ⅲ类	Ⅲ类	54.55%
27		直升镇（池水河）	Ⅲ类	Ⅲ类	Ⅳ类	Ⅳ类	Ⅳ类	Ⅳ类	Ⅳ类	Ⅳ类	Ⅳ类	Ⅲ类	Ⅲ类	Ⅲ类	63.64%
28		万灵镇	Ⅳ类	Ⅳ类	Ⅴ类	Ⅲ类	Ⅲ类	Ⅲ类	Ⅳ类	Ⅳ类	Ⅳ类	Ⅲ类	Ⅲ类	Ⅲ类	36.36%
29		古昌镇（新峰河）	Ⅳ类	Ⅲ类	Ⅳ类	Ⅳ类	Ⅳ类	Ⅳ类	Ⅳ类	Ⅳ类	Ⅳ类	Ⅳ类	Ⅳ类	Ⅳ类	100.00%
30	子流域6	广顺街道	Ⅲ类	Ⅲ类	Ⅳ类	Ⅲ类	Ⅲ类	Ⅲ类	Ⅲ类	Ⅳ类	Ⅳ类	Ⅲ类	Ⅲ类	Ⅲ类	54.55%
31		双河街道（清水河）	Ⅳ类	Ⅳ类	Ⅳ类	Ⅳ类	劣Ⅴ类	Ⅳ类	Ⅳ类	Ⅳ类	Ⅳ类	Ⅳ类	Ⅳ类	Ⅲ类	72.73%
32		双河街道（白云溪河）	Ⅳ类	Ⅳ类	Ⅴ类	Ⅴ类	Ⅴ类	Ⅴ类	Ⅳ类	Ⅳ类	Ⅲ类	Ⅲ类	Ⅳ类	Ⅲ类	72.73%

续表

序号	控制单元	监测断面点位	年均类别	1月	3月	4月	5月	6月	7月	8月	9月	10月	11月	12月	超Ⅲ类标准频率
33	子流域6	洗布潭河	Ⅳ类	Ⅳ类	Ⅴ类	Ⅳ类	Ⅴ类	劣Ⅴ类	Ⅳ类	Ⅳ类	Ⅳ类	Ⅲ类	Ⅲ类	Ⅲ类	72.73%
34		安富街道	Ⅳ类	Ⅲ类	Ⅳ类	Ⅳ类	Ⅳ类	Ⅲ类	Ⅳ类	Ⅳ类	Ⅲ类	Ⅲ类	Ⅲ类	Ⅳ类	54.55%
35		清升镇	Ⅳ类	Ⅲ类	Ⅳ类	Ⅳ类	Ⅳ类	Ⅲ类	Ⅴ类	Ⅳ类	Ⅲ类	Ⅲ类	Ⅳ类	Ⅳ类	63.64%
36		高洞自动站	Ⅲ类	Ⅲ类	Ⅳ类	Ⅳ类	Ⅳ类	Ⅳ类	Ⅲ类	Ⅳ类	Ⅲ类	Ⅲ类	Ⅲ类	Ⅲ类	45.45%
超Ⅲ类标准频率				47.22%	83.33%	83.33%	86.11%	75.00%	72.22%	80.56%	33.33%	19.44%	41.67%	55.56%	—

注：因疫情原因，2020年2月的数据暂缺。

从2020年濑溪河流域各子流域年均水质类别占比情况(图4.1-4)来看,仅子流域1年均水质类别全部达到Ⅲ类,其余各子流域均以Ⅳ类水质为主。其中,子流域2的年均水质类别均为Ⅳ类;子流域3的Ⅳ类水质占比为57.14%,且出现1个Ⅴ类水质断面;子流域4、5、6的Ⅳ类水质占比分别为60%、60%、71.43%。

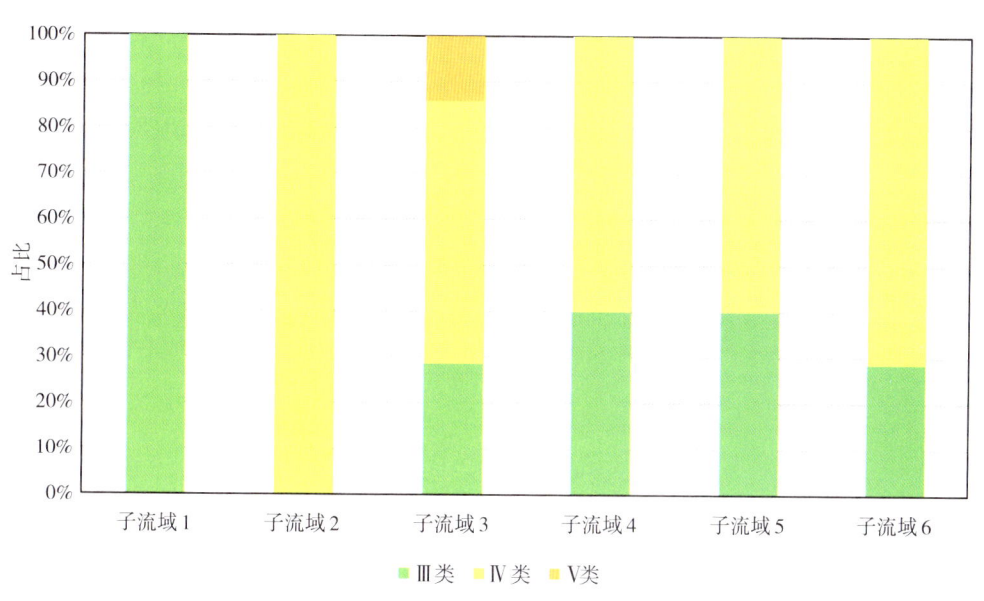

图4.1-4 濑溪河流域各子流域年均水质类别占比统计图(2020年)

从2020年濑溪河流域各子流域超标因子及其超标频率(图4.1-5)来看:子流域1的主要超标因子为化学需氧量;子流域2超标频率较高的超标因子依次为化学需氧量、高锰酸盐指数,超标频率分别为43.18%、40.91%;子流域3的主要超标因子依次为化学需氧量、高锰酸盐指数,超标频率分别为58.44%、51.95%;子流域4的主要超标因子依次为高锰酸盐指数、化学需氧量,超标频率分别为50.91%、47.27%;子流域5的主要超标因子依次为高锰酸盐指数、化学需氧量,超标频率分别为51.82%、45.45%;子流域6的主要超标因子依次为化学需氧量、高锰酸盐指数,超标频率分别为49.35%、37.66%。从各超标因子最高超标频率来看:化学需氧量最高超标频率出现在子流域3,为58.44%;高锰酸盐指数最高超标频率出现在子流域3,为51.95%;总磷最高超标频率出现在子流域2,为29.55%;氨氮最高超标频率出现在子流域2,为34.09%;溶解氧最高超标频率出现在子流域5,为3.64%。

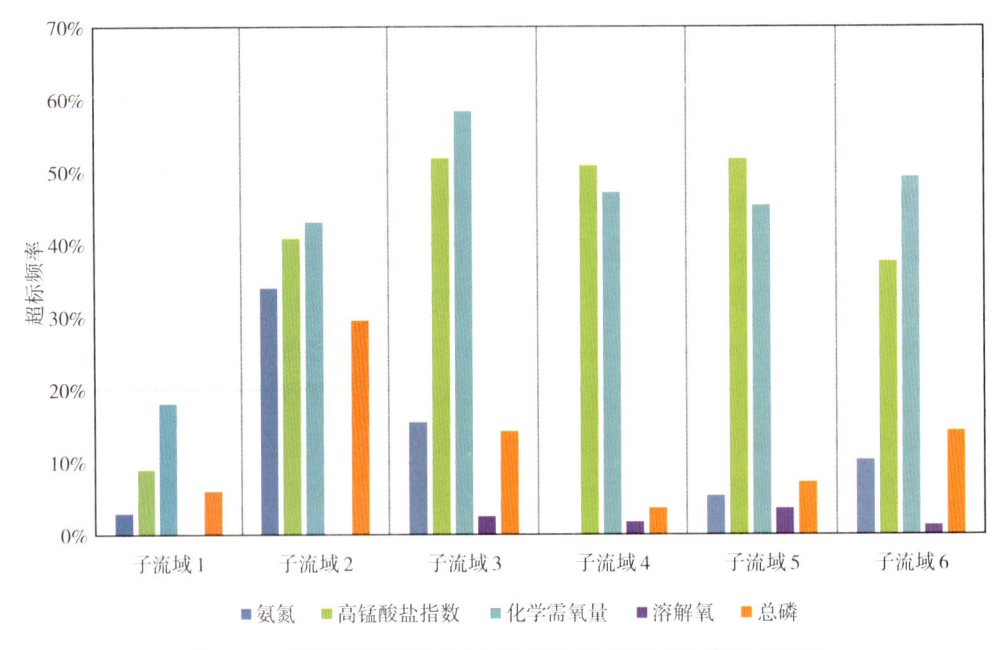

图 4.1-5　濑溪河流域各子流域超标因子及其超标频率（2020年）

4.1.4 水质变化情况分析

（1）水质类别年际变化。

濑溪河流域5个常规水质监测断面中，鱼剑堤及界牌为"十四五"新增断面，在"十三五"期间无逐月历史监测数据，因此仅对关圣新堤、玉滩水库、高洞电站3个断面进行2016—2020年的水质变化情况分析。从2016—2020年濑溪河流域部分常规水质监测断面年均水质类别情况（表4.1-5）来看，关圣新堤断面水质良好，年均水质类别稳定在Ⅲ类，玉滩水库及高洞电站断面在2017、2018年水质恶化为Ⅳ类，之后又好转为Ⅲ类，其主要影响因子均为化学需氧量及总磷。

表4.1-5　濑溪河流域部分常规水质监测断面年均水质类别情况（2016—2020年）

断面名称	水质目标	年均水质类别					超标因子（最大超标倍数，超标年份）
		2016年	2017年	2018年	2019年	2020年	
关圣新堤	Ⅲ类	Ⅲ类	Ⅲ类	Ⅲ类	Ⅲ类	Ⅲ类	—
玉滩水库	Ⅲ类	Ⅲ类	Ⅳ类	Ⅳ类	Ⅲ类	Ⅲ类	化学需氧量（0.06，2018）、总磷（湖、库）（0.30，2017、2018）

续表

断面名称	水质目标	年均水质类别					超标因子（最大超标倍数,超标年份）
		2016年	2017年	2018年	2019年	2020年	
高洞电站	Ⅲ类	Ⅲ类	Ⅳ类	Ⅳ类	Ⅲ类	Ⅲ类	化学需氧量(0.11,2017、2018)、总磷(0.01,2018)

从2016—2020年各常规水质监测断面逐月水质类别的频次（表4.1-6）来看：关圣新堤断面水质呈变好的趋势，年内月均水质类别达Ⅱ类次数从0增加到6次；玉滩水库断面逐月水质类别波动较大，总体来看水质呈先恶化后好转的趋势，2018年水质最差，仅两个月达Ⅲ类标准，之后水质出现好转，2020年首次出现Ⅱ类水质，但同时还出现3个月的Ⅴ类水质，不能稳定达标；高洞电站断面水质呈先恶化后好转的趋势，2017、2018年月均水质类别达Ⅲ类标准的月份仅占50%，2019年该断面水质好转，在2020年月均水质全部稳定达到Ⅲ类标准。

表4.1-6　濑溪河流域常规水质监测断面逐月水质类别的频次（2016-2020年）

断面名称	水质类别	频次				
		2016年	2017年	2018年	2019年	2020年
关圣新堤	Ⅱ类	—	—	1	1	6
	Ⅲ类	12	12	11	11	5
	Ⅳ类	—	—	—	—	1
	Ⅴ类	—	—	—	—	—
	劣Ⅴ类	—	—	—	—	—
玉滩水库	Ⅱ类	—	—	—	—	2
	Ⅲ类	11	6	2	7	7
	Ⅳ类	1	5	7	5	—
	Ⅴ类	—	—	3	—	3
	劣Ⅴ类	—	1	—	—	—
高洞电站	Ⅱ类	—	—	—	—	—
	Ⅲ类	12	6	6	11	12
	Ⅳ类	—	4	2	1	—
	Ⅴ类	—	1	3	—	—
	劣Ⅴ类	—	1	—	—	—

(2)主要超标因子年际变化。

计算2016—2020年3个监测断面月均水质超标因子的超标次数,并将其与总监测次数比较得到各超标因子的超标频率。根据各超标因子及其超标频率(图4.1-6)可知,3个监测断面的主要超标因子为化学需氧量、高锰酸盐指数和总磷。其中,关圣新堤断面仅化学需氧量出现过1次超标;玉滩水库断面主要超标因子为总磷和化学需氧量;高洞电站断面主要超标因子为化学需氧量和高锰酸盐指数。

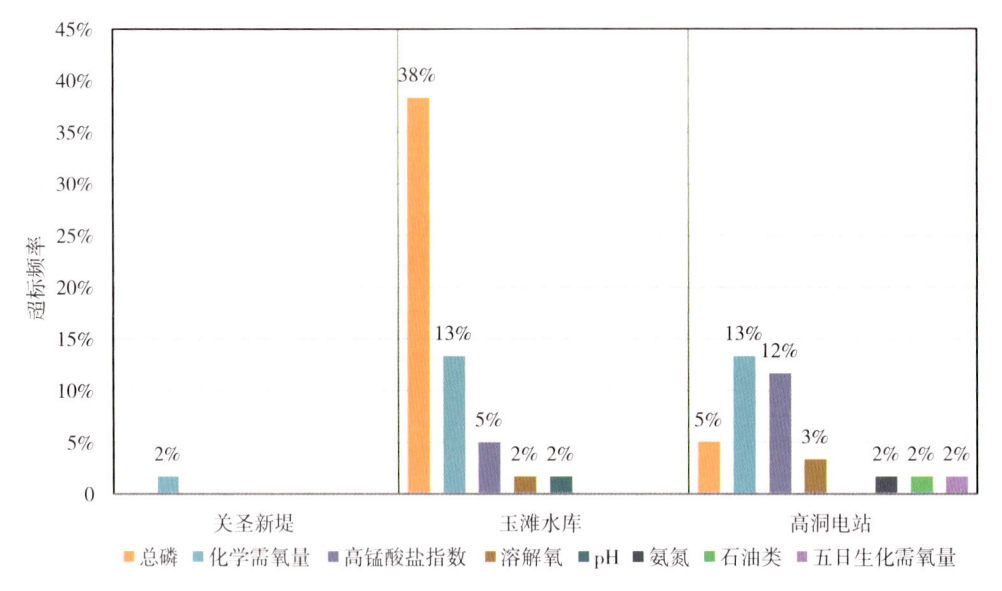

图4.1-6 濑溪河流域部分常规水质监测断面的超标因子及其超标频率(2016—2020年)

根据2016—2020年濑溪河流域3个常规水质监测断面的超标因子及其超标频率,筛选出其主要的超标因子,即总磷、化学需氧量和高锰酸盐指数。对各主要超标因子就断面、水期和年度进行进一步的分析,分析结果见图4.1-7至图4.1-15。其中丰水期为6—9月,平水期为4、5、10、11月,枯水期为1、2、3、12月。

图 4.1-7　濑溪河流域关圣新堤断面各水期化学需氧量变化情况（2016—2020年）

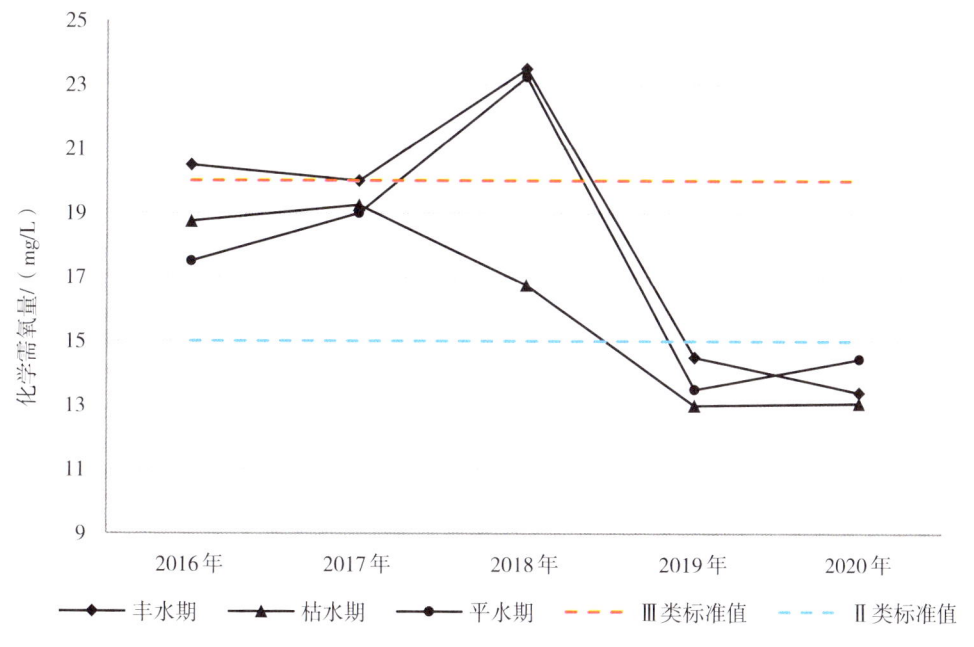

图 4.1-8　濑溪河流域玉滩水库断面各水期化学需氧量变化情况（2016—2020年）

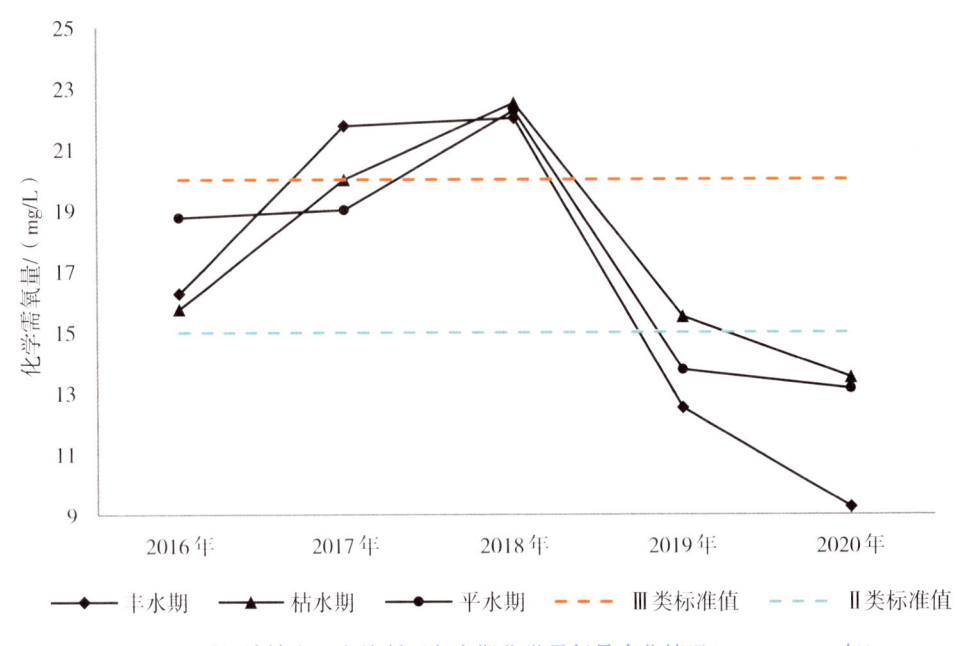

图 4.1-9　濑溪河流域高洞电站断面各水期化学需氧量变化情况(2016—2020年)

从3个监测断面化学需氧量的变化情况来看,关圣新堤断面的化学需氧量在2016—2018年基本保持稳定,之后呈现明显下降趋势,5年间均达Ⅲ类标准,2020年基本达到Ⅱ类标准。玉滩水库及高洞电站断面的化学需氧量基本呈先上升后下降的趋势,在2018年达到峰值(玉滩水库断面枯水期例外),超过Ⅲ类标准限值(玉滩水库断面枯水期例外),2020年化学需氧量较2016年明显降低,达到Ⅱ类标准。

从各水期化学需氧量的变化情况来看,关圣新堤、高洞电站断面各水期之间差异不明显。玉滩水库断面的化学需氧量基本为丰水期>平水期>枯水期,除2018年枯水期化学需氧量显著低于其他水期外,其余年份各水期化学需氧量的差距不大。

从空间分布来看,2018年前,3个断面的化学需氧量大致为关圣新堤<玉滩水库≈高洞电站。2019年后下游的玉滩水库、高洞电站断面水质好转,接近关圣新堤断面的化学需氧量,丰水期时下游两个断面的化学需氧量低于关圣新堤断面。

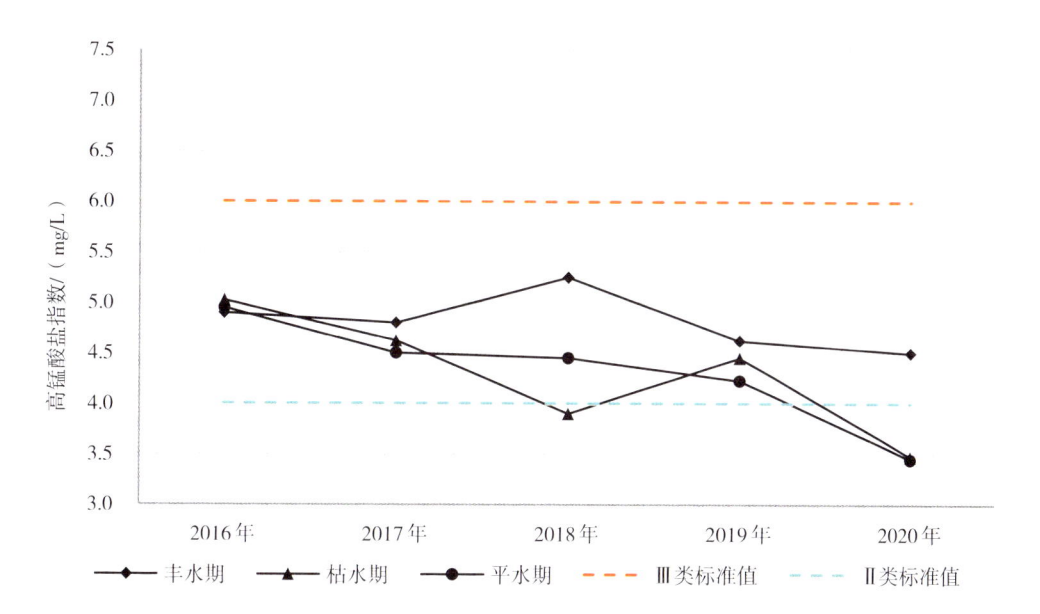

图4.1-10　濑溪河流域关圣新堤断面各水期高锰酸盐指数变化情况(2016—2020年)

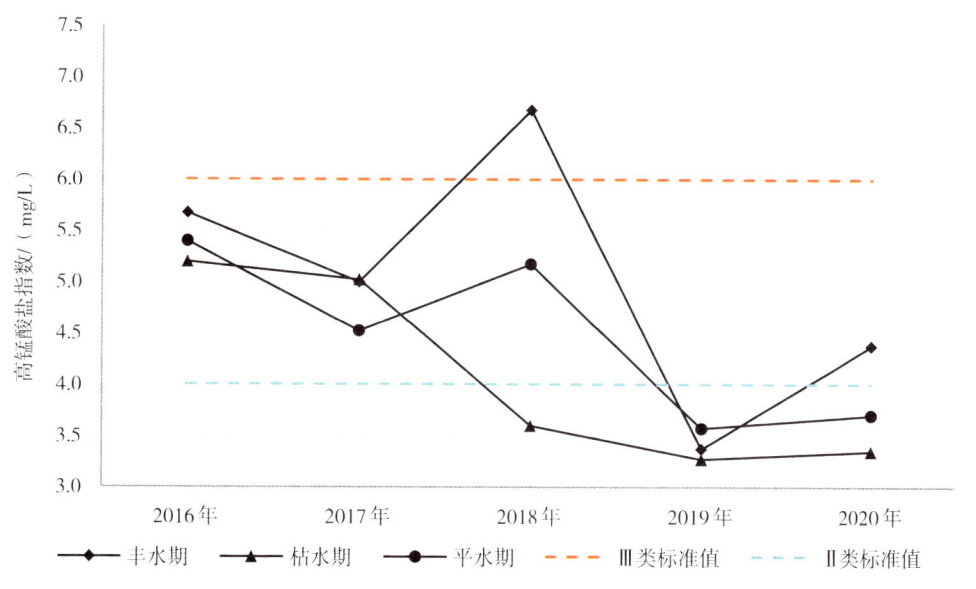

图4.1-11　濑溪河流域玉滩水库断面各水期高锰酸盐指数变化情况(2016—2020年)

图 4.1-12　濑溪河流域高洞电站断面各水期高锰酸盐指数变化情况(2016—2020年)

从3个监测断面高锰酸盐指数的变化情况来看,关圣新堤断面的高锰酸盐指数稳中略有下降,5年间均达Ⅲ类标准,2020年基本达到Ⅱ类标准。玉滩水库断面的高锰酸盐指数大致呈下降趋势,在2019、2020年基本达到Ⅱ类标准。高洞电站断面的高锰酸盐指数总体变化不大,在2018年后高锰酸盐指数略有下降。

从各水期高锰酸盐指数的变化情况来看,3个监测断面的高锰酸盐指数基本为丰水期>平水期>枯水期,除2018年外,各水期高锰酸盐指数的差异均不显著。2018年各断面丰水期的高锰酸盐指数较上年显著上升,平水期基本持平,枯水期有一定程度的下降。

从空间分布来看,2018年前,3个监测断面的高锰酸盐指数约为关圣新堤<玉滩水库<高洞电站。2019年后玉滩水库断面的高锰酸盐指数大幅度下降,甚至低于关圣新堤断面,高锰酸盐指数的情况约为玉滩水库<关圣新堤<高洞电站。

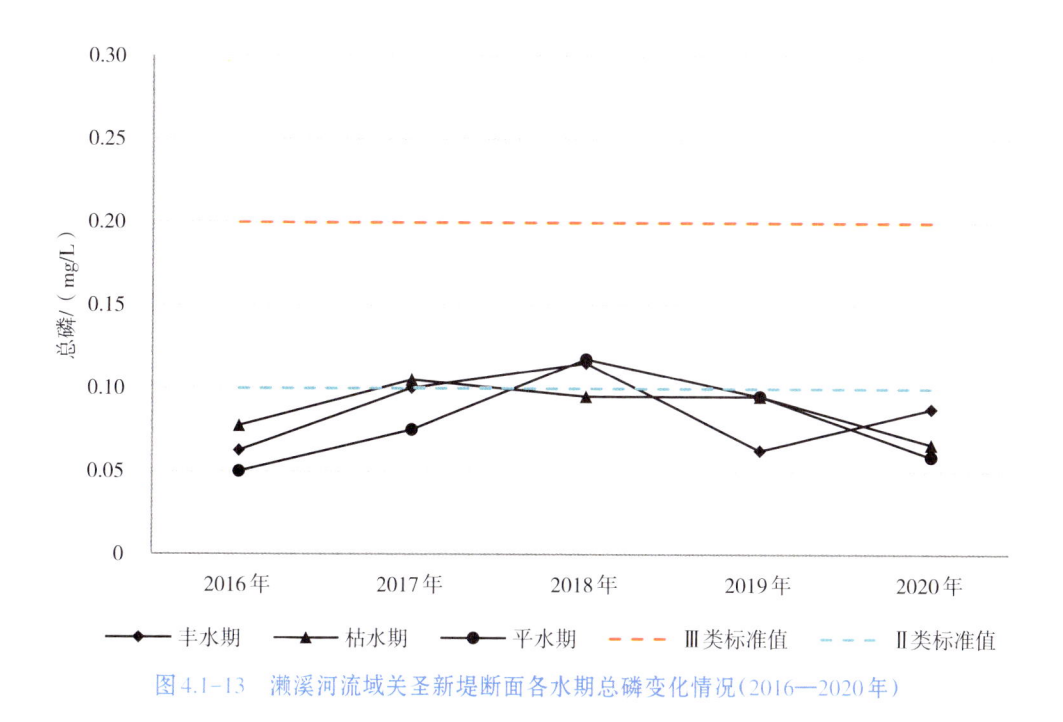

图 4.1-13　濑溪河流域关圣新堤断面各水期总磷变化情况（2016—2020 年）

图 4.1-14　濑溪河流域玉滩水库断面各水期总磷变化情况（2016—2020 年）

图4.1-15 濑溪河流域高洞电站断面各水期总磷变化情况(2016—2020年)

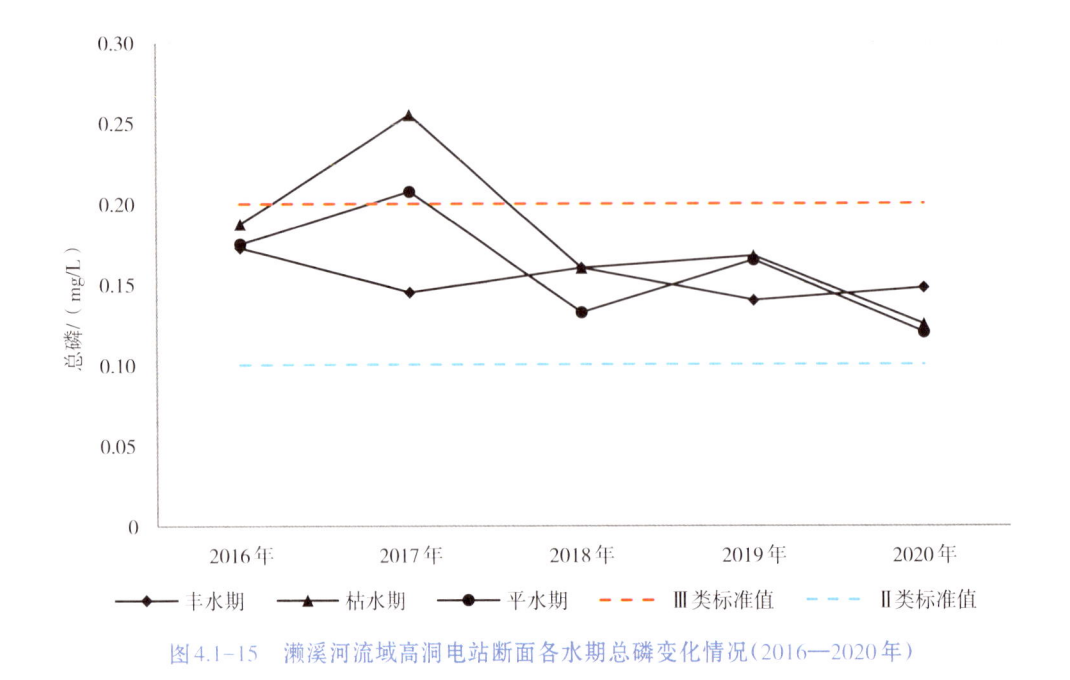

从3个监测断面总磷的变化情况来看,关圣新堤断面总磷呈小幅度上升后再下降的趋势,除2018年外其余年份基本均达Ⅱ类标准。玉滩水库断面总磷执行湖库标准,其总磷数值在Ⅲ类标准限值附近变化,2018年达到峰值,2017、2018年超过Ⅲ类标准限值。高洞电站断面的总磷除在2017年升高超过Ⅲ类标准限值外,其余年份差异不大,均达到Ⅲ类标准。

从各水期总磷的变化情况来看,与以上两个因子的情况不同,3个监测断面的总磷数值大约为枯水期>平水期>丰水期。关圣新堤断面各水期间的总磷数值差距不大;玉滩水库断面的总磷数值在枯水期基本呈上升趋势,在平水期基本呈下降趋势,在丰水期变化不大;高洞电站断面各水期的总磷数值除2017年差异显著外,其余年份差异不大。

从空间分布来看,3个监测断面的总磷数值约为关圣新堤<高洞电站<玉滩水库。高洞电站与关圣新堤断面的总磷相比,由2016年的2.8倍降至2020年的1.8倍,总体差异逐步减小。

4.1.5 水功能区水质现状调查

根据《全国重要江河湖泊水功能区划手册》、重庆市人民政府办公厅《关于印发

2016—2020年度水资源管理"三条红线"控制指标的通知》(渝府办发〔2016〕152号),濑溪河流域(大足区、荣昌区)共涉及重要江河湖泊水功能区27个,其中,国控水功能区21个,区县级水功能区6个。

21个国控水功能区中有7个一级区(除开发利用区)和14个二级区。其中,7个一级区包括保护区1个,保留区4个,缓冲区2个;14个二级区包括饮用水源区4个,景观娱乐用水区2个,工业用水区3个,排污控制区2个,过渡区2个,农业用水区1个。6个区县级水功能区中有2个一级区(除开发利用区)和4个二级区。其中,一级区均为缓冲区;二级区包括饮用水源及农业用水区2个、饮用水源及景观娱乐用水区1个、饮用水源区1个。濑溪河流域重要江河湖泊水功能区详情见表4.1-7。

根据2020年水功能区监测结果,按双指标(高锰酸盐指数、氨氮)对水质进行评价。其中,排污控制区不设水质目标,不参与评价;达标率不小于80%的水功能区为年度达标水功能区。2020年濑溪河流域重要江河湖泊水功能区达标情况见表4.1-8。从评价结果可知,2020年濑溪河流域27个水功能区中有5个不达标,22个达标,水功能区达标率为81.48%。

表4.1-7 濑溪河流域重要江河湖泊水功能区一览表

序号	一级水功能区名称	二级水功能区名称	所在行政区	所属水功能区类型	所在河流、湖库	范围 起始断面	范围 终止断面	长度/km	功能区类型	水质目标
1	濑溪河大足区中敖镇源头水保护区	—	大足区	国控	濑溪河	大足区高平乡巴岩店	中敖镇关圣村新华瓦厂堤	8.0	保护区	Ⅱ
2	濑溪河大足区中敖镇保留区	—	大足区	国控	濑溪河	中敖镇关圣村新华瓦厂堤	龙岗镇平顶村斑竹园烂堤	7.0	保留区	Ⅲ
3	濑溪河大足区龙岗镇开发利用区	濑溪河龙岗镇饮用水源区	大足区	国控	濑溪河	龙岗镇平顶村斑竹园烂堤	三万吨车间拦水堤	4.4	饮用	Ⅱ—Ⅲ
4		濑溪河龙岗镇景观娱乐用水区	大足区	国控	濑溪河	三万吨车间拦水堤	龙岗新堤	3.3	景观娱乐	Ⅲ
5	濑溪河大足区龙岗镇开发利用区	濑溪河龙岗镇工业用水区	大足区	国控	濑溪河	龙岗新堤	红星村老堤	2.4	工业	Ⅲ

续表

序号	一级水功能区名称	二级水功能区名称	所在行政区	所属水功能区类型	所在河流、湖库	范围 起始断面	范围 终止断面	长度/km	功能区类型	水质目标
6		濑溪河龙岗镇排污控制区	大足区	国控	濑溪河	红星村老堤	同心村簸箕滩堤	1.4	排污	
7	濑溪河大足区龙岗镇开发利用区	濑溪河龙岗镇过渡区	大足区	国控	濑溪河	同心村簸箕滩堤	弥陀镇田坝村湾桥	3.0	过渡	Ⅲ
8		濑溪河弥陀镇农业用水区	大足区	国控	濑溪河	弥陀镇田坝村湾桥	弥陀镇登云村跃进引水堤	4.6	农业	Ⅲ
9	濑溪河大足区弥陀、龙水保留区	—	大足区	国控	濑溪河	弥陀镇登云村跃进引水堤	龙水镇龙东村回龙桥	9.0	保留区	Ⅲ
10		濑溪河龙水镇饮用水源区	大足区	国控	濑溪河	龙水镇龙东村回龙桥	幸光村马滩堤	3.4	饮用	Ⅲ
11	濑溪河大足区龙水镇开发利用区	濑溪河龙水镇工业用水区	大足区	国控	濑溪河	幸光村马滩堤	龙水镇鱼剑村鱼剑堤	4.6	工业	Ⅲ
12		濑溪河玉滩水库饮用水源区	大足区	国控	濑溪河	龙水镇鱼剑村鱼剑堤	珠溪镇小滩村小滩桥	10.5	饮用	Ⅲ
13	濑溪河大足、荣昌缓冲区	—	大足区	国控	濑溪河	珠溪镇小滩村小滩桥	荣昌区路孔镇马鞍沟	7.5	缓冲区	Ⅲ
14	响水滩河开发利用区	响水滩河饮用水源、农业用水区	大足区	区县级	响水滩河	三驱镇楠林村	窟窿河汇合口	10.0	饮用	Ⅲ
15	窟窿河开发利用区	窟窿河饮用水源、农业用水区	大足区	区县级	窟窿河	铁山镇铁山堤	三驱镇夏家湾	27.4	饮用	Ⅲ
16	龙水湖水库开发利用区	龙水湖水库饮用水源区	大足区	区县级	龙水湖水库	—	—	3.5	饮用	Ⅲ

续表

序号	一级水功能区名称	二级水功能区名称	所在行政区	所属水功能区类型	所在河流、湖库	范围 起始断面	范围 终止断面	长度/km	功能区类型	水质目标
17	濑溪河荣昌区路孔镇保留区	—	荣昌区	国控	濑溪河	荣昌区路孔镇马鞍沟	昌元镇沙堡村	12.0	保留区	III
18	濑溪河荣昌区昌元镇开发利用区	濑溪河荣昌区城饮用水源区	荣昌区	国控	濑溪河	昌元镇沙堡村	弯店村	3.8	饮用	III
19		濑溪河荣昌景观娱乐用水区	荣昌区	国控	濑溪河	弯店村	小滩桥村	5.1	景观娱乐	III
20		濑溪河荣昌排污控制区	荣昌区	国控	濑溪河	小滩桥村	七宝岩村	2.0	排污	—
21		濑溪河荣昌过渡区	荣昌区	国控	濑溪河	七宝岩村	汪家坝	5.3	过渡	III
22		濑溪河荣昌工业用水区	荣昌区	国控	濑溪河	汪家坝	广顺镇高桥村	5.4	工业	III
23	濑溪河荣昌区广顺镇保留区	—	荣昌区	国控	濑溪河	广顺镇高桥村	清江镇竹林坝村	12.0	保留区	III
24	濑溪河渝川缓冲区	—	荣昌区	国控	濑溪河	清江镇竹林坝村	福集	16.5	缓冲区	III
25	石燕河渝川缓冲区	—	荣昌区	区县级	石燕河	荣昌区盘龙镇茶场村	龙集镇六合出境处	5.1	缓冲区	III
26	红子河荣昌—大足缓冲区	—	荣昌区	区县级	红子河	荣昌区河包镇倒开门村	荣昌区和大足区交界出境处	3.0	缓冲区	III
27	新峰河昌元—昌州城区开发利用区	新峰河饮用水源、景观娱乐用水区	荣昌区	区县级	新峰河	新丰镇	河口	14.0	饮用	III

表4.1-8 濑溪河流域重要江河湖泊水功能区达标情况一览表(2020年)

序号	一级水功能区名称	二级水功能区名称	所在行政区	所属水功能区类型	所在河流、湖库	水质目标	2020年实际达标情况
1	濑溪河大足区中敖镇源头水保护区	—	大足区	国控	濑溪河	Ⅱ	否
2	濑溪河大足区中敖镇保留区	—	大足区	国控	濑溪河	Ⅲ	是
3	濑溪河大足区龙岗镇开发利用区	濑溪河龙岗镇饮用水源区	大足区	国控	濑溪河	Ⅱ—Ⅲ	是
4		濑溪河龙岗镇景观娱乐用水区	大足区	国控	濑溪河	Ⅲ	是
5		濑溪河龙岗镇工业用水区	大足区	国控	濑溪河	Ⅲ	否
6		濑溪河龙岗镇排污控制区	大足区	国控	濑溪河	—	是
7		濑溪河龙岗镇过渡区	大足区	国控	濑溪河	Ⅲ	是
8		濑溪河弥陀镇农业用水区	大足区	国控	濑溪河	Ⅲ	是
9	濑溪河大足区弥陀、龙水保留区	—	大足区	国控	濑溪河	Ⅲ	是
10	濑溪河大足区龙水镇开发利用区	濑溪河龙水镇饮用水源区	大足区	国控	濑溪河	Ⅲ	是
11		濑溪河龙水镇工业用水区	大足区	国控	濑溪河	Ⅲ	否
12		濑溪河玉滩水库饮用水源区	大足区	国控	濑溪河	Ⅲ	是
13	濑溪河大足、荣昌缓冲区	—	大足区	国控	濑溪河	Ⅲ	是
14	响水滩河开发利用区	响水滩河饮用水源、农业用水区	大足区	区县级	响水滩河	Ⅲ	是
15	窟窿河开发利用区	窟窿河饮用水源、农业用水区	大足区	区县级	窟窿河	Ⅲ	是
16	龙水湖水库开发利用区	龙水湖水库饮用水源区	大足区	区县级	龙水湖水库	Ⅲ	是
17	濑溪河荣昌区路孔镇保留区	—	荣昌	国控	濑溪河	Ⅲ	是

续表

序号	一级水功能区名称	二级水功能区名称	所在行政区	所属水功能区类型	所在河流、湖库	水质目标	2020年实际达标情况
18	濑溪河荣昌区昌元镇开发利用区	濑溪河荣昌区城饮用水源区	荣昌区	国控	濑溪河	Ⅲ	是
19		濑溪河荣昌景观娱乐用水区	荣昌区	国控	濑溪河	Ⅲ	是
20		濑溪河荣昌排污控制区	荣昌区	国控	濑溪河	—	是
21		濑溪河荣昌过渡区	荣昌区	国控	濑溪河	Ⅲ	是
22		濑溪河荣昌工业用水区	荣昌区	国控	濑溪河	Ⅲ	是
23	濑溪河荣昌区广顺镇保留区	—	荣昌区	国控	濑溪河	Ⅲ	是
24	濑溪河渝川缓冲区	—	荣昌区	国控	濑溪河	Ⅲ	是
25	石燕河渝川缓冲区	—	荣昌区	区县级	石燕河	Ⅲ	否
26	红子河荣昌—大足缓冲区	—	荣昌区	区县级	红子河	Ⅲ	否
27	新峰河昌元—昌州城区开发利用区	新峰河饮用水源、景观娱乐用水区	荣昌区	区县级	新峰河	Ⅲ	是

4.2 富营养化现状

4.2.1 监测断面分布情况

濑溪河流域共设置了25个富营养化监测断面,包括关圣新堤、上游水库、高升镇(高升河)、季家镇(响水滩河)、邮亭镇(牛奶河)、玉龙镇(小玉滩河)、鱼剑堤(龙水镇)、玉滩水库库心、龙石镇(珠溪河)、三驱镇(窟窿河)、智凤街道、洗布潭河、界牌(珠溪镇)、双河街道(白云溪河)、广顺街道、直升镇(池水河)、昌州街道、峰高街道(荣峰河)、三奇寺水库、荣隆镇(新峰河)、昌元街道(连丰河)等。濑溪河流域富营养化监测断面位置分布详情见图4.2-1。

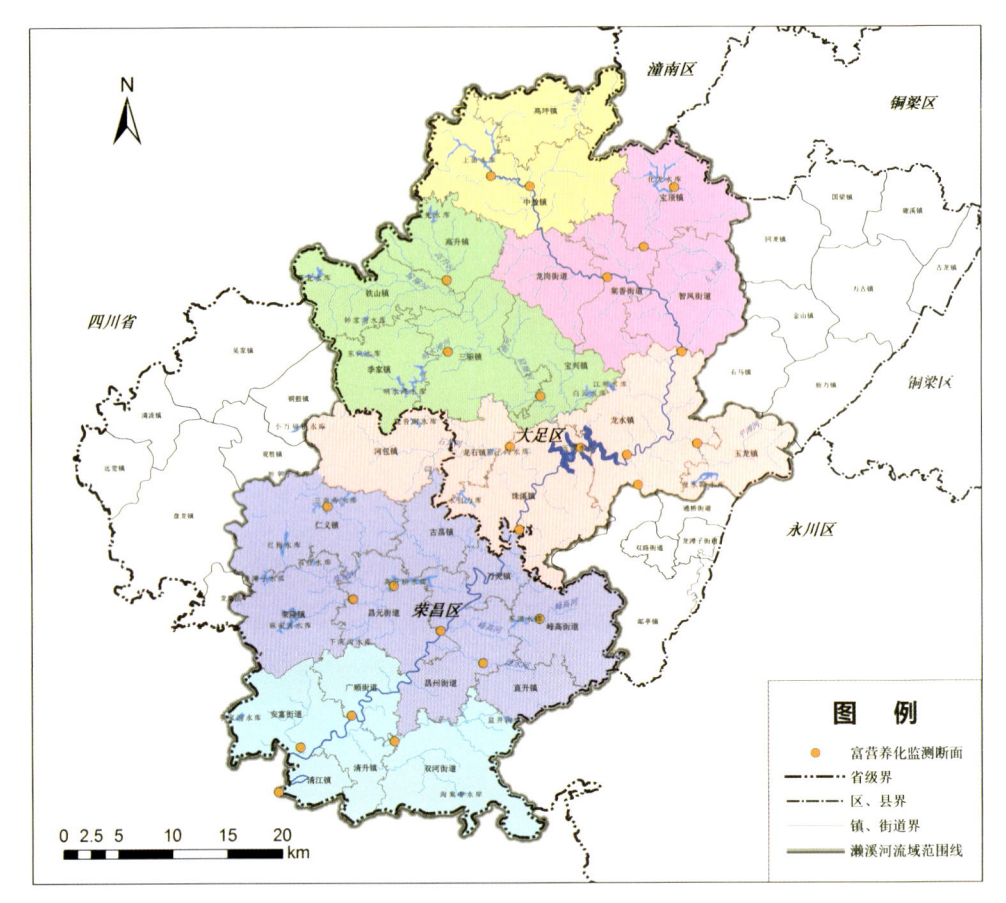

图 4.2-1　濑溪河流域富营养化监测断面位置分布图

4.2.2 监测指标及方法

2021年10月,我们对25个监测断面开展补充监测,根据综合营养状态指数法评价要求,对叶绿素a、透明度、总磷、总氮和高锰酸盐指数这5项指标按照《地表水和污水监测技术规范》(HJ/T 91—2002)进行了采样和监测。

4.2.3 富营养化评价结果

按照综合营养状态指数法,对各监测断面的营养状态级别进行评价。从评价结果(表4.2-1)可知,25个监测断面中有2个断面为贫营养,23个断面为中营养,未监测到富营养化断面,濑溪河流域整体营养状态级别为中营养。其中,2个贫营养断面出现在子流域1和子流域2中。濑溪河流域综合营养状态指数(TLI)最低为20.75,所属监测断面为子流域2的化龙水库;最高为46.54,所属监测断面为子流域5的直升镇(池水河),存在富营养化风险。

表4.2-1　濑溪河流域富营养化监测断面营养状态级别评价结果(2021年)

序号	控制单元	监测断面	TLI	营养状态级别
1	子流域1	关圣新堤	35.42	中营养
2		上游水库	27.35	贫营养
3	子流域2	化龙水库	20.75	贫营养
4		宝顶镇(化龙溪)	34.20	中营养
5		龙岗街道	37.64	中营养
6		智凤街道	41.42	中营养
7	子流域3	邮亭镇(牛奶河)	37.97	中营养
8		玉龙镇(小玉滩河)	37.83	中营养
9		鱼剑堤(龙水镇)	41.73	中营养
10		玉滩水库库心	33.32	中营养
11		龙石镇(珠溪河)	37.74	中营养
12		界牌(珠溪镇)	33.83	中营养
13	子流域4	高升镇(高升河)	33.94	中营养
14		季家镇(响水滩河)	33.45	中营养
15		三驱镇(窟窿河)	36.62	中营养
16	子流域5	直升镇(池水河)	46.54	中营养
17		昌州街道	36.61	中营养
18		峰高街道(荣峰河)	35.65	中营养
19		三奇寺水库	33.36	中营养
20		荣隆镇(新峰河)	36.42	中营养
21		昌元街道(连丰河)	36.92	中营养
22	子流域6	高洞电站	35.89	中营养
23		洗布潭河	40.46	中营养
24		双河街道(白云溪河)	45.38	中营养
25		广顺街道	42.37	中营养

4.3 污染现状

濑溪河流域水环境污染负荷主要来源于城镇和农村居民生活、工业企业生产、种植中化肥和农药流失以及畜禽养殖等。

4.3.1 城镇生活源

根据重庆市第二次全国污染源普查结果以及现场调查，重庆濑溪河流域内涉及的29个镇街共有25座城镇生活污水处理厂，除大足污水处理厂、荣昌污水处理厂和安富街道污水处理厂执行《城镇污水处理厂污染物排放标准》(GB 18918—2002)一级标准的A标准(一级A标)外，其余污水处理厂均执行一级标准的B标准(一级B标)。这25座城镇生活污水处理厂设计污水处理能力共16.77万 m^3/d，实际污水处理量为13.32万 m^3/d。图4.3-1为濑溪河流域部分污水处理厂现场照片。濑溪河流域城镇生活污水处理厂情况见表4.3-1

荣昌污水处理厂	广顺街道污水处理厂
万灵镇污水处理厂	清升镇污水处理厂

图4.3-1　濑溪河流域部分污水处理厂现场照片

表4.3-1 濑溪河流域城镇生活污水处理厂情况一览表

控制单元	所属行政区	所属镇街	污水处理厂名称	设计污水处理能力/(m³/d)	实际污水处理量/(m³/d)	执行标准
子流域1	大足区	高坪镇	高坪镇污水处理厂	410	360	一级B标
子流域1	大足区	中敖镇	中敖镇污水处理厂	1 200	1 192	一级B标
子流域2	大足区	龙岗街道	大足污水处理厂	75 000	53 279	一级A标
子流域2	大足区	棠香街道	大足污水处理厂	75 000	53 279	一级A标
子流域2	大足区	智凤街道	大足污水处理厂	75 000	53 279	一级A标
子流域2	大足区	宝顶镇	宝顶镇污水处理厂	750	633	一级B标
子流域3	大足区	龙水镇	龙水镇污水处理厂	15 000	10 626	一级B标
子流域3	大足区	玉龙镇	玉龙镇污水处理厂	2 000	1 763	一级B标
子流域3	大足区	珠溪镇	珠溪镇污水处理厂	1 600	1 281	一级B标
子流域3	大足区	龙石镇	龙石镇污水处理厂	400	323	一级B标
子流域3	荣昌区	河包镇	河包镇污水处理厂	900	933	一级B标
子流域4	大足区	三驱镇	三驱镇污水处理厂	1 500	1 330	一级B标
子流域4	大足区	宝兴镇	宝兴镇污水处理厂	450	422	一级B标
子流域4	大足区	铁山镇	铁山镇污水处理厂	460	400	一级B标
子流域4	大足区	高升镇	高升镇污水处理厂	600	520	一级B标
子流域4	大足区	季家镇	季家镇污水处理厂	600	468	一级B标
子流域5	荣昌区	昌元街道	荣昌污水处理厂	50 000	49 428	一级A标
子流域5	荣昌区	昌州街道	荣昌污水处理厂	50 000	49 428	一级A标
子流域5	荣昌区	荣隆镇	荣隆镇污水处理厂	1 100	680	一级B标
子流域5	荣昌区	仁义镇	仁义镇污水处理厂	1 300	796	一级B标
子流域5	荣昌区	直升镇	直升镇污水处理厂	400	325	一级B标
子流域5	荣昌区	万灵镇	万灵镇污水处理厂	700	203	一级B标
子流域5	荣昌区	古昌镇	古昌镇污水处理厂	600	221	一级B标
子流域6	荣昌区	广顺街道	广顺街道污水处理厂	3 900	3 804	一级B标
子流域6	荣昌区	双河街道	双河街道污水处理厂	4 000	1 450	一级B标
子流域6	荣昌区	安富街道	安富街道污水处理厂	3 700	2 233	一级A标
子流域6	荣昌区	清升镇	清升镇污水处理厂	300	261	一级B标

续表

控制单元	所属行政区	所属镇街	污水处理厂名称	设计污水处理能力/(m³/d)	实际污水处理量/(m³/d)	执行标准
子流域6	荣昌区	清江镇	清江镇污水处理厂	800	284	一级B标
合计				167 670	133 215	

通过计算,濑溪河流域城镇生活污水污染负荷分别为:化学需氧量(COD)1 618.55 t/a、氨氮(NH_3-N)130.26 t/a及总磷(TP)19.39 t/a。各控制单元城镇生活污水污染负荷统计详情见表4.3-2。濑溪河流域城镇生活垃圾污染负荷分别为:化学需氧量15.2 t/a、氨氮0.01 t/a和总磷0.05 t/a,详情见表4.3-3。

表4.3-2 濑溪河流域城镇生活污水污染负荷统计

控制单元	污染负荷/(t/a)		
	COD	NH_3-N	TP
子流域1	44.00	2.51	0.70
子流域2	267.16	28.22	3.56
子流域3	282.92	21.60	4.46
子流域4	88.61	8.43	1.23
子流域5	714.58	48.35	5.86
子流域6	221.28	21.15	3.58
全流域合计	1 618.55	130.26	19.39

表4.3-3 濑溪河流域城镇生活垃圾污染负荷统计

控制单元	污染负荷/(t/a)		
	COD	NH_3-N	TP
子流域1	0.34	0	0
子流域2	4.38	0	0.02
子流域3	2.54	0	0.01
子流域4	0.66	0	0
子流域5	5.74	0.01	0.02
子流域6	1.54	0	0
全流域合计	15.2	0.01	0.05

4.3.2 工业污染源

根据重庆市第二次全国污染源普查结果以及现场调查,流域内共有305家涉水企业,主要集中在大足区龙水镇、智凤街道、中敖镇、棠香街道以及荣昌区昌州街道、荣隆镇、河包镇、双河街道、广顺街道、安富街道等。根据产排污系数法核算流域内工业企业主要水污染物排放量,全流域工业企业年废水排放量为240.19万 m³,主要污染物化学需氧量、氨氮和总磷的污染负荷分别为91.89 t/a、6.56 t/a和1.31 t/a,详情见表4.3-4。

表4.3-4　濑溪河流域工业企业排水污染负荷统计

控制单元	污染负荷/(t/a)		
	COD	NH_3-N	TP
子流域1	1.76	0.03	0.02
子流域2	17.68	0.37	0.21
子流域3	10.08	0.59	0.09
子流域4	27.44	0.45	0.11
子流域5	24.52	4.21	0.82
子流域6	10.41	0.91	0.06
全流域合计	91.89	6.56	1.31

4.3.3 农村生活源

根据第二次全国污染源普查成果《排放源统计调查产排污核算方法和系数手册》,结合濑溪河流域范围内农村生活污染处理现状,计算流域内农村生活污水污染负荷和农村生活垃圾污染负荷。

濑溪河流域现有农村常住人口40.4万人,计算可得农村生活污水化学需氧量、氨氮和总磷的污染负荷分别为769.05 t/a、35.36 t/a和5.37 t/a,详情见表4.3-5。流域内农村生活垃圾化学需氧量、氨氮和总磷的污染负荷分别为30.95 t/a、0.01 t/a和0.11 t/a,详情见表4.3-6。

表4.3-5 濑溪河流域农村生活污水污染负荷统计

控制单元	污染负荷/(t/a)		
	COD	NH$_3$-N	TP
子流域1	63.05	2.90	0.44
子流域2	64.19	2.95	0.46
子流域3	185.01	8.51	1.29
子流域4	125.22	5.76	0.87
子流域5	227.03	10.44	1.59
子流域6	104.55	4.80	0.72
全流域合计	769.05	35.36	5.37

表4.3-6 濑溪河流域农村生活垃圾污染负荷统计

控制单元	污染负荷/(t/a)		
	COD	NH$_3$-N	TP
子流域1	2.63	0	0.01
子流域2	3.31	0	0.01
子流域3	7.07	0.01	0.03
子流域4	4.92	0	0.01
子流域5	8.91	0	0.04
子流域6	4.11	0	0.01
全流域合计	30.95	0.01	0.11

4.3.4 种植业面源

根据统计，濑溪河流域农作物总播种面积为130.30万亩，园地面积为5.56万亩。根据第二次全国污染源普查成果《排放源统计调查产排污核算方法和系数手册》计算，濑溪河流域种植业面源的氨氮及总磷污染负荷分别为42.27 t/a、38.08 t/a，详情见表4.3-7。

表4.3-7 濑溪河流域种植业面源污染负荷统计

控制单元	污染负荷/(t/a)	
	NH$_3$-N	TP
子流域1	3.97	3.60

续表

控制单元	污染负荷/(t/a)	
	NH$_3$-N	TP
子流域2	5.83	5.30
子流域3	8.95	8.06
子流域4	7.67	6.97
子流域5	10.38	9.22
子流域6	5.47	4.93
全流域合计	42.27	38.08

4.3.5 畜禽养殖源

根据大足区、荣昌区2020年秋季动物防疫存栏量数据,濑溪河流域畜禽养殖存栏量情况见表4.3-8,其中,猪19.69万头、牛2 980头、羊2.58万只、鸡226.53万只、鸭93.14万只、鹅13.65万只、兔等其他畜禽2.15万只。

表4.3-8 濑溪河流域畜禽养殖存栏量统计(2020年)

序号	行政区	镇街	存栏量						
			猪/头	牛/头	羊/只	鸡/只	鸭/只	鹅/只	兔等其他畜禽/只
1	大足区	中敖镇	3 658	172	1 932	40 116	55 178	2 984	—
2		龙岗街道	5 899	88	587	19 733	4 388	1 260	—
3		棠香街道	4 065	30	670	41 661	11 368	2 799	—
4		智凤街道	6 037	165	861	63 484	17 434	1 563	3 000
5		龙水镇	9 818	100	2 270	208 739	9 243	480	510
6		珠溪镇	11 797	77	874	31 985	32 611	4 485	—
7		宝顶镇	6 542	95	1 151	49 932	13 439	893	—
8		铁山镇	2 875	46	2 869	275 607	13 742	5 138	1 000
9		高升镇	3 233	35	1 279	94 044	30 403	2 315	—
10		宝兴镇	13 074	89	656	45 351	14 866	1 490	—
11		季家镇	11 065	48	3 645	41 899	48 503	2 935	6 270
12		龙石镇	4 424	89	420	15 596	14 343	3 498	—
13		玉龙镇	1 834	64	517	22 456	7 093	776	780

续表

序号	行政区	镇街	存栏量						
			猪/头	牛/头	羊/只	鸡/只	鸭/只	鹅/只	兔等其他畜禽/只
14	大足区	三驱镇	10 395	160	1 831	319 042	18 170	3 230	2 175
15		高坪镇	2 064	70	502	21 773	11 330	5 053	251
16	荣昌区	万灵镇	3 166	59	131	16 860	21 730	1 221	0
17		昌州街道	4 890	151	146	63 018	49 004	6 542	138
18		昌元街道	7 815	130	668	70 648	35 891	18 286	0
19		广顺街道	2 459	107	278	65 782	26 106	742	0
20		安富街道	2 878	56	130	45 308	51 021	4 385	200
21		清升镇	1 355	17	137	25 794	34 169	12 632	0
22		清江镇	1 264	2	42	19 329	53 403	31 932	748
23		古昌镇	4 844	25	244	111 058	33 263	4 275	0
24		峰高街道	9 989	95	355	138 489	116 172	660	3 000
25		直升镇	2 537	117	101	28 858	27 995	1 032	0
26		河包镇	6 150	236	635	56 135	31 799	2 931	0
27		仁义镇	4 033	505	2 320	130 346	72 307	2 545	3 100
28		荣隆镇	6 568	37	122	85 969	21 212	875	13
29		双河街道	42 166	115	417	116 309	55 177	9 525	319
合计			196 894	2 980	25 790	2 265 321	931 360	136 482	21 504

根据第二次全国污染源普查成果《排放源统计调查产排污核算方法和系数手册》计算，濑溪河流域内畜禽养殖的污染负荷分别为化学需氧量 469.98 t/a、氨氮 30.07 t/a 及总磷 6.52 t/a，详情见表4.3-9。

表4.3-9 濑溪河流域畜禽养殖污染负荷统计

控制单元	污染负荷/(t/a)		
	COD	NH_3-N	TP
子流域1	6.03	0.32	0.05
子流域2	28.34	1.57	0.35
子流域3	83.53	4.48	1.19
子流域4	152.11	7.63	2.20
子流域5	90.15	5.60	1.16

续表

控制单元	污染负荷/(t/a)		
	COD	NH_3-N	TP
子流域6	109.82	10.47	1.57
全流域合计	469.98	30.07	6.52

4.3.6 污染源排放特征分析

对濑溪河流域城镇生活源、工业污染源、农村生活源、种植业面源、畜禽养殖源等五类污染源的污染负荷进行汇总分析可知，2020年，濑溪河流域化学需氧量、氨氮和总磷的污染负荷分别为2 995.62 t/a、244.54 t/a、70.83 t/a。详情见表4.3-10。

从濑溪河全流域来看，化学需氧量的主要贡献源是城镇生活源和农村生活源，分别占流域总污染负荷的54.54%和26.71%；氨氮的主要贡献源是城镇生活源和种植业面源，占比分别为53.27%和17.29%；总磷的主要贡献源是种植业面源和城镇生活源，占比分别为53.76%和27.45%。详情见图4.3-2。

从各个子流域来看，城镇生活源和种植业面源是主要污染源，农村生活源和畜禽养殖源在部分子流域贡献较大。

（1）子流域1化学需氧量的主要贡献源是农村生活源和城镇生活源，占比分别为55.75%和37.64%；氨氮的主要贡献源是种植业面源、农村生活源和城镇生活源，占比分别为40.80%、29.80%和25.80%；总磷的主要贡献源是种植业面源，占比为74.69%。

（2）子流域2化学需氧量、氨氮的主要贡献源是城镇生活源，占比分别为70.52%和72.47%；总磷的主要贡献源是种植业面源和城镇生活源，占比分别为53.48%和36.13%。

（3）子流域3化学需氧量的主要贡献源是城镇生活源和农村生活源，占比分别为49.98%和33.63%；氨氮的主要贡献源是城镇生活源、种植业面源和农村生活源，占比分别为48.94%、20.28%和19.30%；总磷的主要贡献源是种植业面源和城镇生活源，占比分别为53.27%和29.54%。

（4）子流域4化学需氧量的主要贡献源是畜禽养殖源、农村生活源和城镇生活源，占比分别为38.13%、32.62%和22.38%；氨氮的主要贡献源是城镇生活源、种植业面源、畜禽养殖源和农村生活源，占比分别为28.16%、25.62%、25.48%和19.24%；

总磷的主要贡献源是种植业面源和畜禽养殖源,占比分别为61.19%和19.32%。

(5)子流域5化学需氧量的主要贡献源是城镇生活源和农村生活源,占比分别为67.26%和22.03%;氨氮的主要贡献源是城镇生活源,占比为61.22%;总磷的主要贡献源是种植业面源和城镇生活源,占比分别为49.28%和31.43%。

(6)子流域6化学需氧量的主要贡献源是城镇生活源、畜禽养殖源和农村生活源,占比分别为49.33%、24.31%和24.06%;氨氮的主要贡献源是城镇生活源和畜禽养殖源,占比分别为49.42%和24.46%;总磷的主要贡献源是种植业面源和城镇生活源,占比分别为45.35%和32.93%。

表4.3-10 濑溪河流域主要污染物污染负荷统计

控制单元	污染源分类	COD 污染负荷/(t/a)	COD 占比/%	NH₃-N 污染负荷/(t/a)	NH₃-N 占比/%	TP 污染负荷/(t/a)	TP 占比/%
子流域1	城镇生活源	44.34	37.64	2.51	25.80	0.70	14.52
	工业污染源	1.76	1.49	0.03	0.31	0.02	0.41
	农村生活源	65.68	55.75	2.90	29.80	0.45	9.34
	种植业面源	—	—	3.97	40.80	3.60	74.69
	畜禽养殖源	6.03	5.12	0.32	3.29	0.05	1.04
	合计	117.81	100	9.73	100	4.82	100
子流域2	城镇生活源	271.54	70.52	28.22	72.47	3.58	36.13
	工业污染源	17.68	4.59	0.37	0.95	0.21	2.12
	农村生活源	67.50	17.53	2.95	7.58	0.47	4.74
	种植业面源	—	—	5.83	14.97	5.30	53.48
	畜禽养殖源	28.34	7.36	1.57	4.03	0.35	3.53
	合计	385.06	100	38.94	100	9.91	100
子流域3	城镇生活源	285.46	49.98	21.60	48.94	4.47	29.54
	工业污染源	10.08	1.76	0.59	1.34	0.09	0.59
	农村生活源	192.08	33.63	8.52	19.30	1.32	8.72
	种植业面源	—	—	8.95	20.28	8.06	53.27
	畜禽养殖源	83.53	14.62	4.48	10.15	1.19	7.87
	合计	571.15	100	44.14	100	15.13	100

续表

控制单元	污染源分类	COD 污染负荷/(t/a)	COD 占比/%	NH$_3$-N 污染负荷/(t/a)	NH$_3$-N 占比/%	TP 污染负荷/(t/a)	TP 占比/%
子流域4	城镇生活源	89.27	22.38	8.43	28.16	1.23	10.80
	工业污染源	27.44	6.88	0.45	1.50	0.11	0.97
	农村生活源	130.14	32.62	5.76	19.24	0.88	7.73
	种植业面源	—	—	7.67	25.62	6.97	61.19
	畜禽养殖源	152.11	38.13	7.63	25.48	2.20	19.32
	合计	398.96	100	29.94	100	11.39	100
子流域5	城镇生活源	720.32	67.26	48.36	61.22	5.88	31.43
	工业污染源	24.52	2.29	4.21	5.33	0.82	4.38
	农村生活源	235.94	22.03	10.44	13.22	1.63	8.71
	种植业面源	—	—	10.38	13.14	9.22	49.28
	畜禽养殖源	90.15	8.42	5.60	7.09	1.16	6.20
	合计	1 070.93	100	78.99	100	18.71	100
子流域6	城镇生活源	222.82	49.33	21.15	49.42	3.58	32.93
	工业污染源	10.41	2.30	0.91	2.13	0.06	0.55
	农村生活源	108.66	24.06	4.80	11.21	0.73	6.72
	种植业面源	—	—	5.47	12.78	4.93	45.35
	畜禽养殖源	109.82	24.31	10.47	24.46	1.57	14.44
	合计	451.71	100	42.80	100	10.87	100
全流域	城镇生活源	1 633.75	54.54	130.27	53.27	19.44	27.45
	工业污染源	91.89	3.07	6.56	2.68	1.31	1.85
	农村生活源	800.00	26.71	35.37	14.46	5.48	7.74
	种植业面源	—	—	42.27	17.29	38.08	53.76
	畜禽养殖源	469.98	15.69	30.07	12.30	6.52	9.21
合计		2 995.62	100	244.54	100	70.83	100

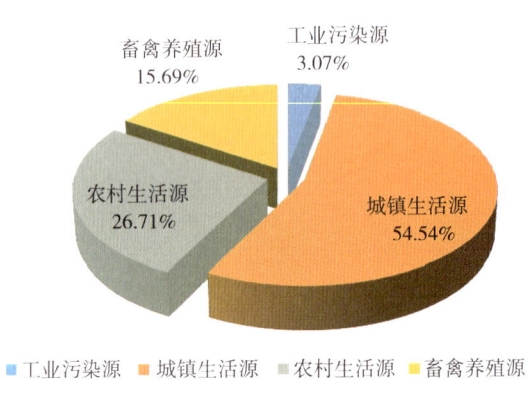

(a) 化学需氧量来源构成

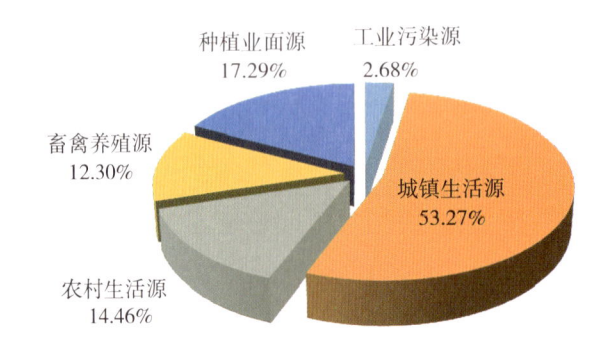

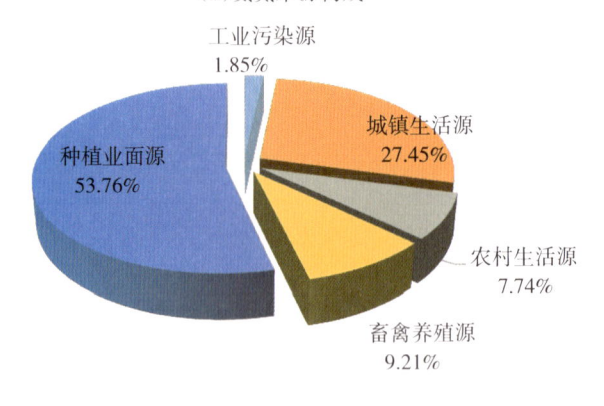

工业污染源 3.07%
城镇生活源 54.54%
农村生活源 26.71%
畜禽养殖源 15.69%

(b) 氨氮来源构成

工业污染源 2.68%
城镇生活源 53.27%
农村生活源 14.46%
畜禽养殖源 12.30%
种植业面源 17.29%

(c) 总磷来源构成

工业污染源 1.85%
城镇生活源 27.45%
农村生活源 7.74%
畜禽养殖源 9.21%
种植业面源 53.76%

图 4.3-2 濑溪河流域主要污染来源构成[1]

---

①注：研究数据在保留小数时进行了四舍五入，故部分比例数据相加后不为100%。

第五章
流域生态系统现状调查及压力分析

5.1 水域生态系统现状

濑溪河流域水生态健康的水域生态系统现状调查主要包括水生生物、水域生态敏感区、人类活动干扰及外来物种入侵等几个方面。通过调查和监测水生生物中的大型底栖动物、鱼类、浮游动物和藻类，了解流域内水域生态敏感区现状、人类活动对流域水生态的干扰及流域外来物种入侵等情况，详细分析濑溪河流域水域生态系统现状。

5.1.1 水生生物调查与分析

5.1.1.1 调查点位及监测指标

本研究在濑溪河流域内设置25了个水生生物监测点，监测对象为大型底栖动物、鱼类、浮游动物和藻类，各监测点情况见表5.1-1，监测点位置分布见图5.1-1。

表5.1-1 濑溪河流域水生生物监测点情况统计

流域	监测点编号	监测点名称	经纬度	海拔/m
濑溪河	L1	上游水库	29°46′44.201″N 105°37′38.956″E	385
濑溪河	L2	龙岗街道	29°41′54.260″N 105°43′17.567″E	369
濑溪河	L3	智凤街道	29°38′24.980″N 105°46′49.496″E	367
濑溪河	L4	鱼剑堤(龙水镇)	29°33′30.920″N 105°44′9.5317″E	363
濑溪河	L5	玉滩水库库心	29°33′49.793″N 105°41′59.034″E	329
濑溪河	L6	界牌(珠溪镇)	29°29′54.919″N 105°38′58.147″E	310

续表

流域	监测点编号	监测点名称	经纬度	海拔/m
濑溪河	L7	化龙水库	29°45′53.703″N 105°45′54.908″E	404
	L8	宝顶镇(化龙溪)	29°43′21.043″N 105°45′3.7503″E	372
	L9	玉龙镇(小玉滩河)	29°34′1.4384″N 105°47′36.894″E	359
	L10	邮亭镇(牛奶河)	29°32′3.290 9″N 105°44′45.876″E	358
	L11	三驱镇(窟窿河)	29°36′16.276″N 105°39′58.201″E	351
	L12	季家镇(响水滩河)	29°38′24.261″N 105°35′30.317″E	370
	L13	高升镇(高升河)	29°41′46.481″N 105°35′27.313″E	376
	L14	龙石镇(珠溪河)	29°33′52.366″N 105°38′31.492″E	359
	L15	关圣新堤	29°46′14.348″N 105°39′31.479″E	380
	L16	广顺街道	29°20′44.916″N 105°30′34.676″E	300
	L17	昌州街道	29°25′12.222″N 105°35′13.221″E	304
	L18	高洞电站	29°15′58.290″N 105°27′29.678″E	285
	L19	峰高街道(荣峰河)	29°25′42.851″N 105°39′53.070″E	345
	L20	双河街道(白云溪河)	29°19′56.077″N 105°32′54.335″E	308
	L21	直升镇(池水河)	29°23′36.290″N 105°37′6.7367″E	310
	L22	三奇寺水库	29°31′12.331″N 105°29′56.506″E	389
	L23	昌元街道(连丰河)	29°27′20.685″N 105°32′51.298″E	341
	L24	荣隆镇(新峰河)	29°26′41.443″N 105°30′48.610″E	353
	L25	洗布潭河	29°19′39.053″N 105°28′20.410″E	300

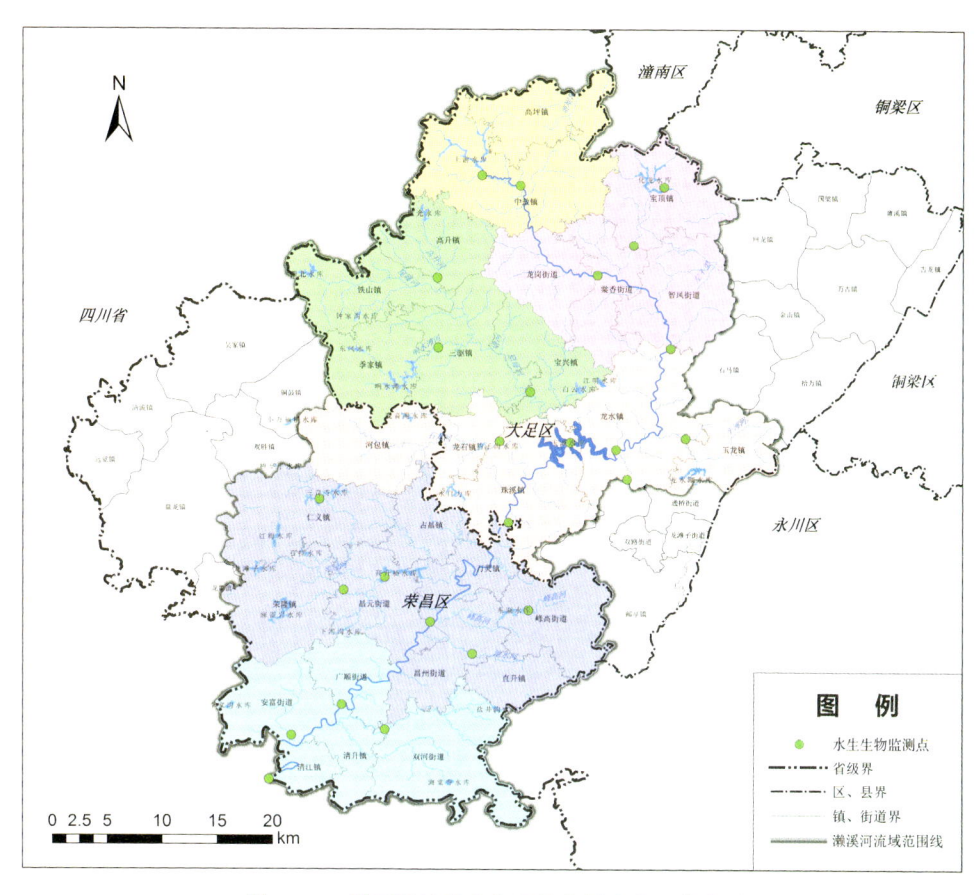

图 5.1-1　濑溪河流域水生生物监测点位置分布图

5.1.1.2 监测时间

濑溪河流域水生生物调查和监测时间为2021年10—11月。大型底栖动物和藻类的调查监测在10月开展,鱼类的调查监测在11月开展。濑溪河流域水生生物现场调查情况如图5.1-2所示。

5.1.1.3 采样与监测方法

(1)底栖动物。

每个监测点,每次调查采集3个定量重复样,然后将其混合为定量混合样。在浅滩生境,使用索伯网(面积0.09 m²,网径40目)进行采集。采样时将索伯网放入河床,先用毛刷对网内的大型石块进行清洗,使附着在石块上的大型底栖动物随水流进入索伯网。大型石块清洗完毕后,用铁铲搅动石块下方的底质,搅动深度大于10 cm。在水潭生境,使用彼德逊采泥器(面积1/45 m²)进行采集。样品过40目铜筛筛洗后,置于白色塑料盘中分拣。

定量调查完毕后,进行定性调查。在每个生境单元内,随机选取石块,挖掘底泥,采集其中的底栖动物。

将底栖动物标本装入30 mL的塑料瓶中,用8%(体积分数)的甲醛保存,带回室内镜检分类、鉴定、计数、称重。物种尽可能鉴定至最小的分类单元。

(2)鱼类。

每个监测点根据不同的河流环境采取不同的采样方法。

可涉水区域:采取底置地笼、三层复合刺网、手撒网以及手抄网相结合的方式,每个监测点根据不同的河流环境采用不同的渔具。底置地笼放网12—24 h,每天定时取渔获物1—2次;三层复合刺网顺水漂流捕捞,每天上午和下午分别至少下网2次,每天累计捕捞时间不少于2 h;手撒网和手抄网是直接捕捞,每个点的捕捞时间在0.5 h左右。

不可涉水区域:采用三层复合刺网和底置地笼相结合的方式进行样品采集。在中央深水区租船使用三层复合刺网捕鱼,定置水域捕捞,每天上午和下午分别至少下网2次,每天累计捕捞时间不少于2 h。底置地笼操作方法同可涉水区域鱼类采集的方法一致,放网12—24 h,每天定时取渔获物1—2次。

在现场调查采集渔获物的过程中,完成记录、录影、拍照等工作,并以此作为调查结果的补充。在完成鱼类样品的采集后,立即进行鉴定工作和测量工作,完成记录统计表,难以鉴定的种类则制作为标本,其余样品全部予以放生。将需要制作标本的样本放入标本瓶(箱),立即用10%(体积分数)的甲醛溶液和95%(体积分数)的乙醇溶液分别固定、保存。如鱼体较大,应往腹腔内均匀注射10%(体积分数)的甲醛溶液后再固定、保存。容易掉鳞、稀有种类和小规格种类的鱼要用纱布包起来再放入固定液中。标本瓶(箱)上应注明水体名称、采集时间。样品带回实验室后,2周内完成所有鉴定、测量工作。

(3)浮游生物。

需根据现场水深来确定是否分层采集浮游生物样品:当水深<5 m时,只取表层(0.5 m);当水深为5—10 m时,应取表层(0.5 m)和底层(距水底0.5 m);当水深>10 m时,应取表层、中层(表层与底层之间)和底层。

浮游生物的样品分为定性样品和定量样品。

①浮游植物定性样品。将25#浮游生物网系于竹竿或绳索上,网口向前,在各监测点水面下绕"8"字拖动3—5 min,然后从水中缓慢提出,使水样集中到网底的

收集管内。打开收集管活塞,将样品注入浓缩样品瓶中,加入约占水样0.5%(体积分数)的甲醛固定。所有样品应及时加贴标签,写明采样时间、地点等信息。样品带回实验室后,保存在冰箱(4℃)内,借助显微镜和淡水藻类分类工具书,在2周内完成鉴定。

②浮游植物定量样品(应在定性样品采集之前进行)。根据水深用采水器在目标水样层采水,每个样品采水大于1 L,采样后立即加入占水样1.0%—1.5%(体积分数)的鲁哥氏液固定。应采集平行样品,平行样品数量应为采集样品总数的10%—20%,每批次应不少于1个平行样品。将水样带回实验室后,摇匀,用量筒量取1 000 mL,倒入沉淀瓶内,静置24—36 h。用虹吸管(插入水中的一端应用25#筛绢封盖)缓慢吸去上层清液,保留50 mL左右的瓶底部的沉淀浓缩液,倒入浓缩样品瓶(每瓶标记30 mL刻度)中,用少量蒸馏水冲洗沉淀瓶的内壁和底部2—3次,冲洗液均倒入浓缩样品瓶中,将浓缩样品瓶继续静置24 h以上,最后虹吸、定容到30 mL。

③浮游动物定性样品。将25#浮游生物网系于竹竿或绳索上,网口向前,在各监测点水面下绕"8"字拖动3—5 min,然后从水中缓慢提出,使水样集中到网底的收集管内。打开收集管活塞,将样品注入浓缩样品瓶中,加入约占水样0.5%(体积分数)的甲醛固定。所有样品应及时加贴标签,写明采样时间、地点等信息。样品带回实验室后,保存在冰箱(4℃)内,借助显微镜和浮游动物分类工具书,在2周内完成鉴定。

④浮游动物定量样品(应在定性样品采集之前进行)。根据水深用采水器在目标水样层采水,每个样品采水大于1 L,采样后立即加入占水样1.0%—1.5%(体积分数)的鲁哥氏液固定。应采集平行样品,平行样品数量应为采集样品总数的10%—20%,每批次应不少于1个平行样品。将水样带回实验室后,摇匀,用量筒量取1 000 mL,倒入沉淀瓶内,静置24—36 h。用虹吸管(插入水中的一端应用25#筛绢封盖)缓慢吸去上层清液,保留50 mL左右的瓶底部的沉淀浓缩液,倒入浓缩样品瓶(每瓶标记30 mL刻度)中,用少量蒸馏水冲洗沉淀瓶的内壁和底部2—3次,冲洗液均倒入浓缩样品瓶中,将浓缩样品瓶继续静置24 h以上,最后虹吸、定容到30 mL。

图 5.1-2　濑溪河流域水生生物现场调查

5.1.1.4 底栖动物监测结果分析

(1) 底栖动物种类组成。

濑溪河流域水生生物调查共采集到大型底栖动物 67 种,属 5 门 8 纲 40 科。其中,水生昆虫 42 种,占采集到的总底栖动物物种的 62.7%;甲壳动物和软体动物共 17 种,占总底栖动物物种的 25.4%。2021 年 10 月(秋季)、2022 年 1 月(冬季)、2022 年 4 月(春季)、2022 年 7 月(夏季)分别采集到底栖动物 35 种、41 种、30 种、32 种(图 5.1-3)。统计分析表明,4 个季节在濑溪河流域采集到的底栖动物物种数量差异不显著。

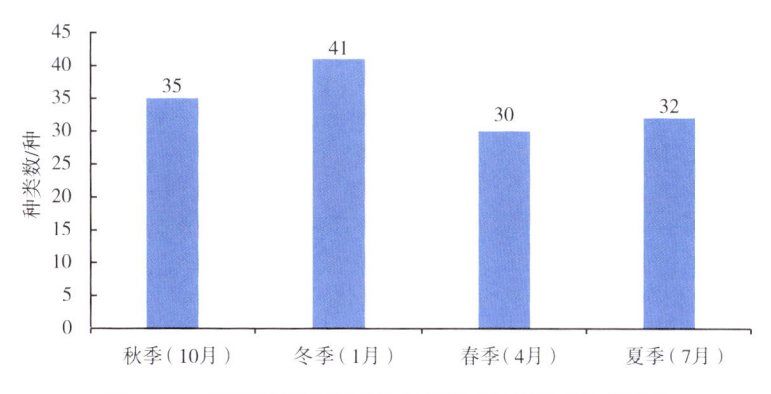

图 5.1-3　濑溪河流域不同季节采集到的底栖动物种类数

韦恩图(图 5.1-4)结果表明,4 个季节均采集到的种类有 17 种,包括真开氏摇蚊、多足摇蚊、二叉摇蚊、底栖摇蚊、假二翅蜉、细蜉、纹石蛾、赤豆螺、铜锈环棱螺、光滑狭口螺、方格短沟蜷、福寿螺、淡水壳菜、耳萝卜螺、苏氏尾鳃蚓、水丝蚓、锯齿新米虾。有些种类只在一个季节采集到:只在秋季采集到的有 9 种,包括隐摇蚊、粗腹摇蚊、蠓、长跗摇蚊、毛蠓、雕翅摇蚊、伪蜻、星齿蛉、淡水纽虫;只在冬季采集到的有 11 种,包括蚴、摇蚊、水摇蚊、似宽基蜉、思罗蜉、动蜉、黑四节蜉、钩翅石蛾、中华圆田螺、圆顶珠蚌、拟扁蛭;只在春季采集到的有 4 种,包括花蝇、大伪蜻、色蟌、红眼蟌;只在夏季采集到的有 7 种,包括姬石蛾、狭溪泥甲、苍白牙甲、粒龙虱、扩腹春蜓、泽蛭、绿蛙蛭。

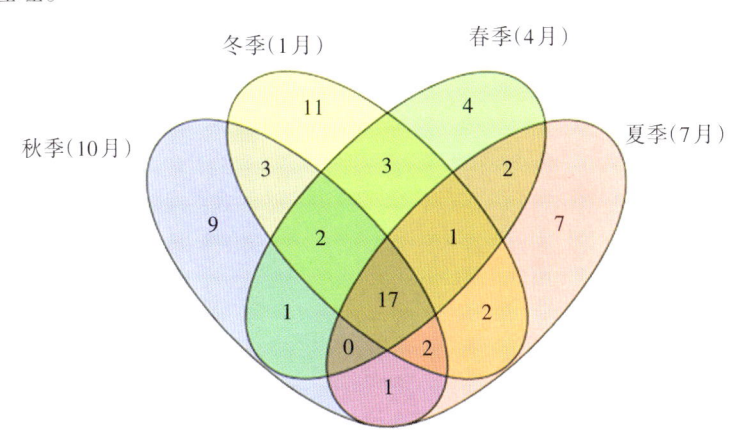

图 5.1-4　濑溪河流域不同季节采集到的底栖动物种类比较(韦恩图)

濑溪河 6 个子流域采集到的底栖动物种类数差异较大(图 5.1-5)。子流域 5 采集到的种类数最多,为 37 种;子流域 1 采集到的种类数最少,为 14 种。采集到的种类数从多到少依次为子流域5>子流域3>子流域6>子流域4>子流域2>子流域1。

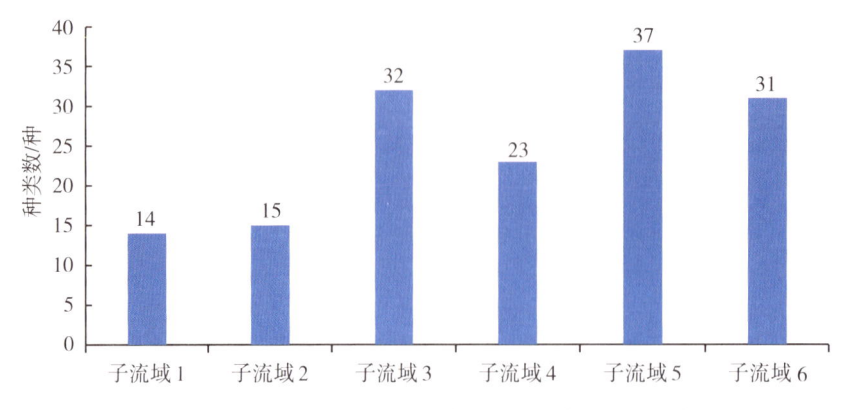

图5.1-5　濑溪河流域不同子流域采集到的底栖动物种类数

6个子流域中均采集到的种类有6种(图5.1-6),包括真开氏摇蚊、多足摇蚊、细蜉、铜锈环棱螺、福寿螺、锯齿新米虾。各个子流域的种类差异比较明显,只在子流域1采集到的种类有2种,分别是毛蠓和前突摇蚊;只在子流域2采集到的种类有2种,为姬石蛾和淡水钩虾;只在子流域3采集到的种类有5种,为粗腹摇蚊、原二翅蜉、径石蛾、中华圆田螺、淡水壳菜;只在子流域4采集到的种类有3种,为蠓、雕翅摇蚊和黑四节蜉;只在子流域5采集到的种类有9种,分别是环足摇蚊、水摇蚊、思罗蜉、动蜉、粒龙虱、伪蜻、星齿蛉、拟扁蛭、淡水纽虫;只在子流域6采集到的种类有6种,为蚋、狭溪泥甲、苍白牙甲、扩腹春蜓、泽蛭、绿蛙蛭。

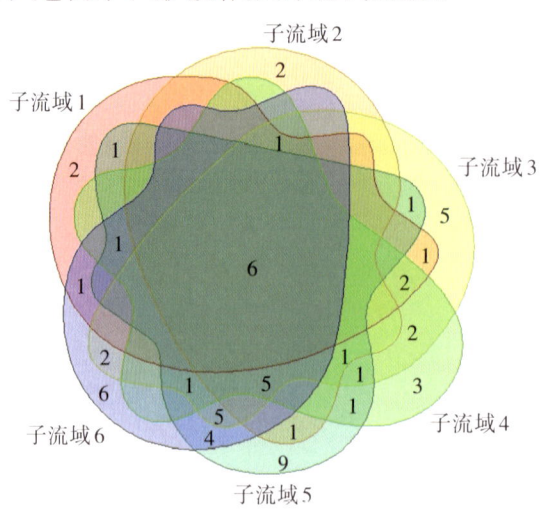

图5.1-6　濑溪河流域不同子流域采集到的底栖动物种类比较

(2)底栖动物密度与生物量。

濑溪河流域各监测点底栖动物的密度在 42—3 625 个/m² 之间,平均密度为 519 个/m²。昌元街道(连丰河)、荣隆镇(新峰河)、洗布潭河监测点的底栖动物平均密度在 1 000 个/m² 以上;上游水库、玉滩水库库心、宝顶镇(化龙溪)、三驱镇(窟窿河)、直升镇(池水河)监测点的底栖动物平均密度均不足 300 个/m²。底栖动物的生物量在 0.04—968.56 g/m² 之间,平均生物量为 117.42 g/m²。

分析不同季节的底栖动物密度发现,濑溪河流域冬季采集到的底栖动物密度较大,而其他三个季节的底栖动物密度没有太大差异(图 5.1-7)。这是由于冬季降水量减小,河流流量减小,底栖动物栖息地缩减,底栖动物聚集。

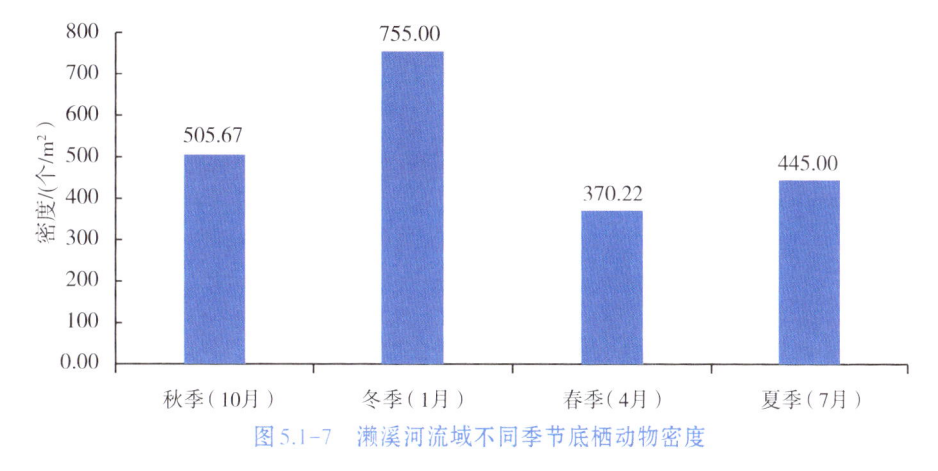

图 5.1-7　濑溪河流域不同季节底栖动物密度

对比分析不同季节的底栖动物生物量发现,濑溪河流域春季的底栖动物生物量最低,秋季、冬季和夏季这个三个季节之间无太大差异(图 5.1-8)。

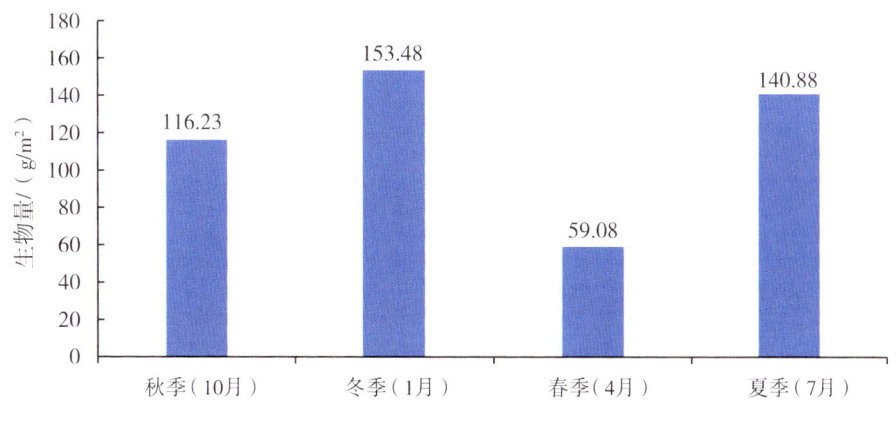

图 5.1-8　濑溪河流域不同季节底栖动物生物量

濑溪河流域不同子流域底栖动物密度的统计结果(图5.1-9)显示,子流域4的底栖动物密度最大,为833.33个/m²,其次为子流域5,为602.55个/m²。其余各子流域的底栖动物密度范围为340.28—475.17个/m²,按密度大小排序为子流域6>子流域3>子流域1>子流域2。

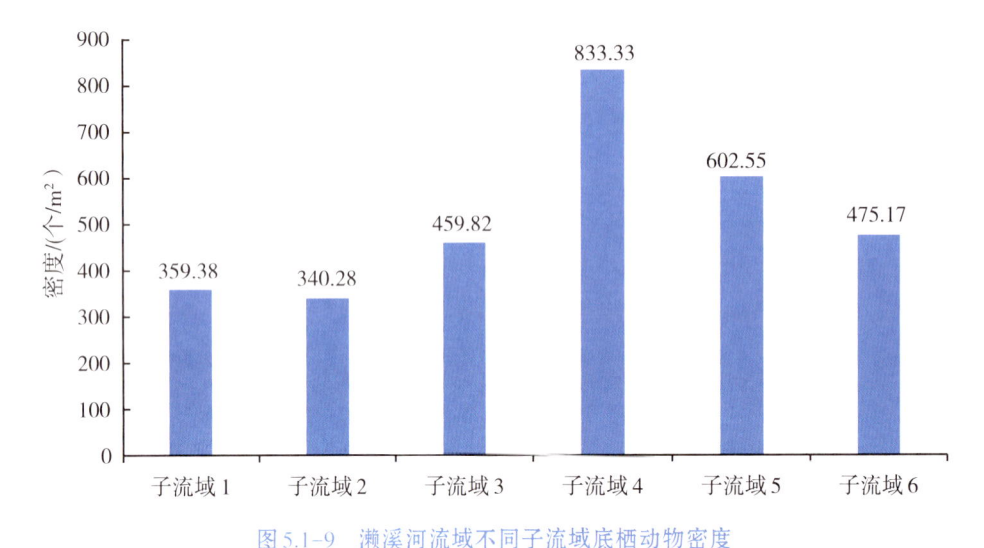

图5.1-9 濑溪河流域不同子流域底栖动物密度

濑溪河流域不同子流域底栖动物生物量的统计结果(图5.1-10)显示,子流域1、子流域4、子流域5的生物量均达到100 g/m²以上,分别为129.70 g/m²、125.41 g/m²、171.35 g/m²。其余子流域的底栖动物生物量差异不明显(79.51—95.99 g/m²),按生物量多少排序为子流域2>子流域3>子流域6。

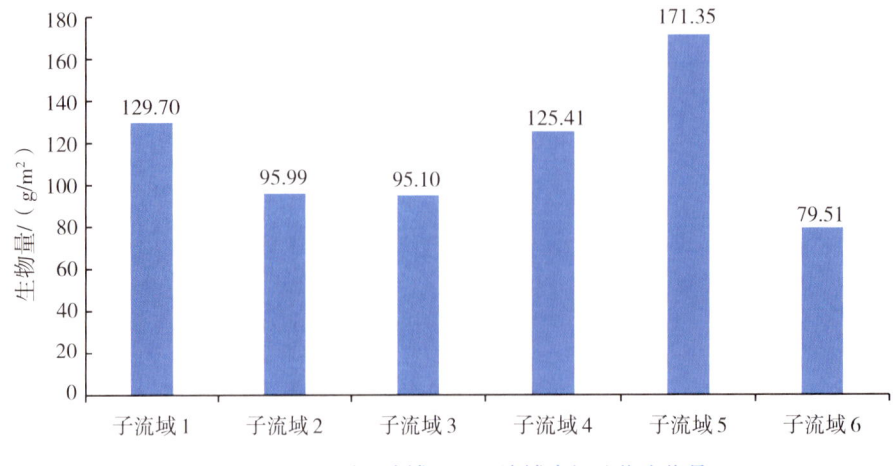

图5.1-10 濑溪河流域不同子流域底栖动物生物量

2021年10月、2022年1月、2022年4月和2022年7月采集到底栖动物分别有35种、41种、30种和32种。2021年10月调查结果表明,底栖动物密度变化范围在42—2 056个/m²之间,平均值为505.67个/m²;生物量变化范围在0.04—968.56 g/m²之间,平均值为116.23 g/m²。2022年1月调查结果表明,底栖动物密度变化范围在83—3 625个/m²之间,平均值为755个/m²;生物量变化范围在0.13—758.75 g/m²之间,平均值为153.48 g/m²。2022年4月调查结果表明,底栖动物密度变化范围在42—1 250个/m²之间,平均值为370.22个/m²;生物量变化范围在0.08—395.67 g/m²之间,平均值为59.08 g/m²。2022年7月调查结果表明,底栖动物密度变化范围在42—1 083个/m²之间,平均值为445个/m²;生物量变化范围在0.04—494.50 g/m²之间,平均值为140.88 g/m²。详情见图5.1-11和图5.1-12。

底栖动物密度2022年1月较其他月份高,是由于高升镇(高升河)(L13)监测点的蜉蝣数量远高于其他月份。从空间上看,各季节各河段的密度自上游至下游呈递减趋势。生物量上,由于出现个体较大的软体动物,对结果影响较大,4个季节的底栖动物生物量在空间分布上并无明显规律。秋季昌州街道(L17)监测点的生物量非常高。

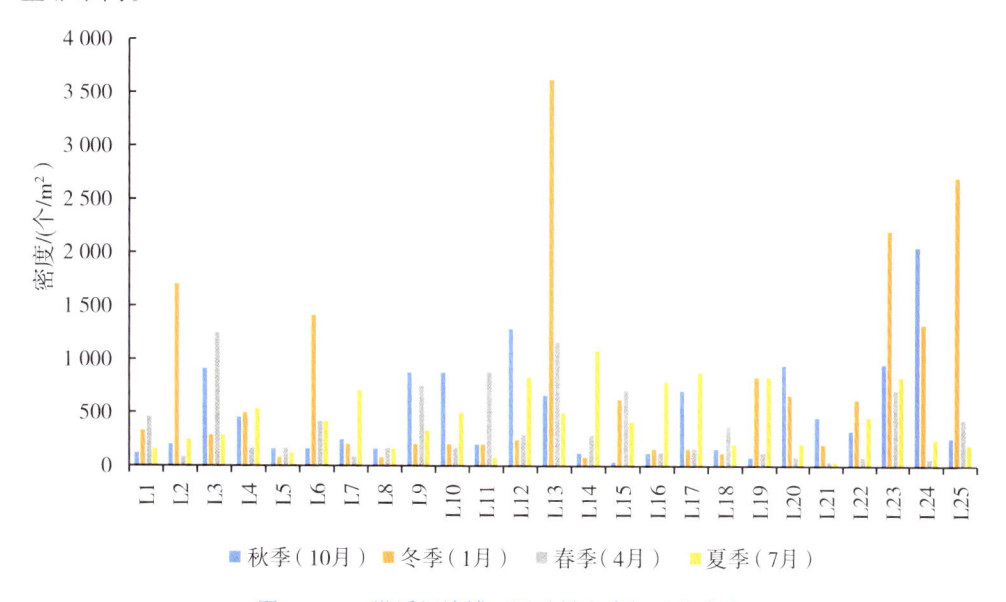

图5.1-11 濑溪河流域不同采样点底栖动物密度

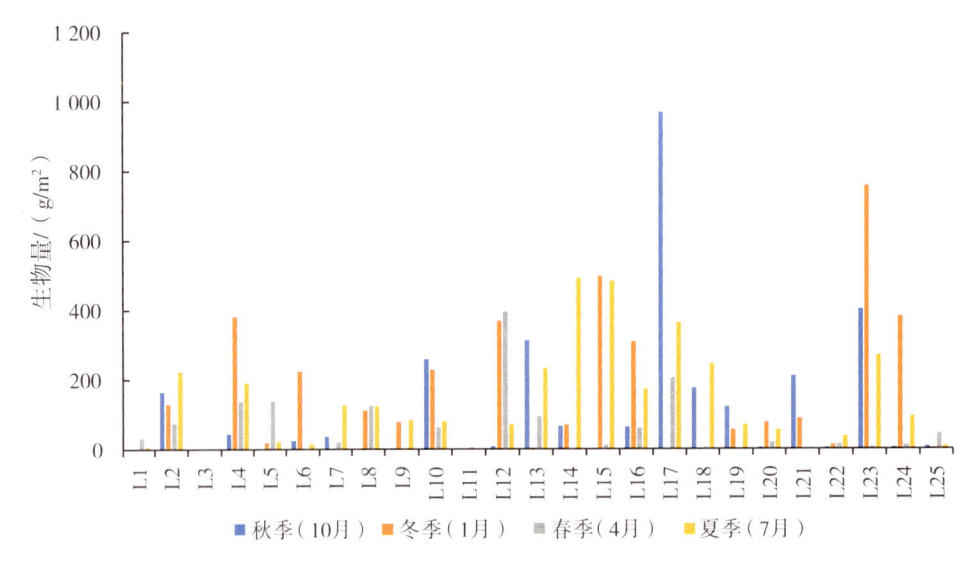

图5.1-12 濑溪河流域不同采样点底栖动物生物量

(3) 底栖动物优势种。

从数量上看,濑溪河流域的优势类群为摇蚊类幼虫,其数量占总标本数量的32.8%;甲壳动物和软体动物数量次之,占31.1%;蜉蝣目、毛翅目、寡毛类动物数量偏少,分别占15.5%、8.5%、6.5%;蛭纲数量最少,只占总标本数量的0.96%。

濑溪河流域监测点仅有双河街道(白云溪河)(L20)、荣隆镇(新峰河)(L24)的大型底栖动物优势类群为蜉蝣目稚虫和毛翅目幼虫,其他监测点的大型底栖动物优势类群为摇蚊类、寡毛类和软体动物。

运用优势度计算公式对大型底栖动物优势种进行分析。优势度计算公式如下:

$$Y = (n_i/N) f_i$$

式中,N为样品中所有种类的总个体数目,n_i为第i种的个体数,f_i为该种在各监测点位出现的频率。当物种优势度$Y>0.02$时,该种即为优势种。

从季节上看,秋季采集到的优势种为真开氏摇蚊、假二翅蜉、铜锈环棱螺;冬季采集到的优势种为真开氏摇蚊、细蜉、水丝蚓;春季采集到的优势种为多足摇蚊、环足摇蚊、铜锈环棱螺、锯齿新米虾;夏季采集到的优势种为扇蟌、铜锈环棱螺、环棱螺、锯齿新米虾。详情见表5.1-2。

表5.1-2　濑溪河流域不同季节底栖动物优势种

季节	丰度	频率/%	优势度	优势种
秋季	49	0.28	0.026	真开氏摇蚊
	109	0.20	0.042	假二翅蜉
	63	0.60	0.073	铜锈环棱螺
冬季	57	0.28	0.035	真开氏摇蚊
	25	0.40	0.022	细蜉
	38	0.44	0.037	水丝蚓
春季	32	0.28	0.034	多足摇蚊
	44	0.16	0.027	环足摇蚊
	31	0.52	0.061	铜锈环棱螺
	22	0.40	0.033	锯齿新米虾
夏季	26	0.40	0.033	扇蟌
	30	0.44	0.042	铜锈环棱螺
	75	0.36	0.087	环棱螺
	44	0.68	0.096	锯齿新米虾

从子流域上看，子流域1的优势种为多足摇蚊、前突摇蚊、底栖摇蚊、铜锈环棱螺、方格短沟蜷、锯齿新米虾；子流域2的优势种为真开氏摇蚊、摇蚊、假二翅蜉、赤豆螺、铜锈环棱螺、水丝蚓、锯齿新米虾；子流域3的优势种为真开氏摇蚊、多足摇蚊、环足摇蚊、细蜉、铜锈环棱螺、环棱螺、耳萝卜螺、苏氏尾鳃蚓、水丝蚓、锯齿新米虾；子流域4的优势种为真开氏摇蚊、多足摇蚊、假二翅蜉、细蜉、赤豆螺、铜锈环棱螺、耳萝卜螺、锯齿新米虾；子流域5的优势种为多足摇蚊、假二翅蜉、细蜉、纹石蛾、铜锈环棱螺、环棱螺、锯齿新米虾；子流域6的优势种为真开氏摇蚊、多足摇蚊、寡角摇蚊、假二翅蜉、纹石蛾、铜锈环棱螺。详情见表5.1-3。

表5.1-3　濑溪河流域不同子流域底栖动物优势种

控制单元	丰度	频率/%	优势度	优势种
子流域1	17	0.750	0.185	多足摇蚊
	6	0.500	0.043	前突摇蚊
	7	0.500	0.051	底栖摇蚊
	10	0.500	0.072	铜锈环棱螺
	4	0.500	0.029	方格短沟蜷

续表

控制单元	丰度	频率/%	优势度	优势种
子流域1	15	0.750	0.163	锯齿新米虾
子流域2	6	0.500	0.031	真开氏摇蚊
	14	0.250	0.036	摇蚊
	6	0.750	0.046	假二翅蜉
	9	0.250	0.023	赤豆螺
	16	0.750	0.122	铜锈环棱螺
	26	0.500	0.133	水丝蚓
	5	0.500	0.026	锯齿新米虾
子流域3	9	0.750	0.022	真开氏摇蚊
	43	1.000	0.140	多足摇蚊
	31	0.250	0.025	环足摇蚊
	11	0.750	0.027	细蜉
	27	1.000	0.088	铜锈环棱螺
	34	0.500	0.055	环棱螺
	15	0.500	0.024	耳萝卜螺
	24	1.000	0.078	苏氏尾鳃蚓
	37	1.000	0.120	水丝蚓
	16	1.000	0.052	锯齿新米虾
子流域4	59	0.500	0.123	真开氏摇蚊
	7	1.000	0.029	多足摇蚊
	51	0.250	0.053	假二翅蜉
	9	0.750	0.028	细蜉
	10	0.750	0.031	赤豆螺
	14	0.750	0.044	铜锈环棱螺
	16	0.500	0.033	耳萝卜螺
	13	0.750	0.041	锯齿新米虾
子流域5	26	1.000	0.051	多足摇蚊
	84	0.500	0.083	假二翅蜉
	27	0.750	0.040	细蜉
	65	0.250	0.032	纹石蛾

续表

控制单元	丰度	频率/%	优势度	优势种
子流域5	57	1.000	0.112	铜锈环棱螺
子流域5	39	0.500	0.038	环棱螺
子流域5	30	0.750	0.044	锯齿新米虾
子流域6	25	0.750	0.058	真开氏摇蚊
子流域6	14	0.750	0.032	多足摇蚊
子流域6	61	0.500	0.094	寡角摇蚊
子流域6	27	0.750	0.063	假二翅蜉
子流域6	61	1.000	0.188	纹石蛾
子流域6	16	1.000	0.049	铜锈环棱螺

濑溪河流域大型底栖动物名录及分布情况见表5.1-4。

表5.1-4 濑溪河流域大型底栖动物名录及分布情况

分类	濑溪河流域					
	子流域1	子流域2	子流域3	子流域4	子流域5	子流域6
一、扁形动物门 Platyhelminthes						
(一)涡虫纲 Turbellaria						
1.三角涡虫科 Dugesiidae						
(1)日本三角涡虫 *Dugesia japonica*					+	+
二、纽形动物门 Nemertinea						
(二)有针纲 Enopla						
(2)淡水纽虫 *Prostoma rubrum*					+	
三、环节动物门 Annelida						
(三)寡毛纲 Oligochaeta						
2.颤蚓科 Tubificidae						
(3)苏氏尾鳃蚓 *Branchiura sowerbyi*		+	+			+
(4)水丝蚓属 *Limnodrilus* sp.	+	+	+	+	+	
(四)蛭纲 Hirudinea						
3.舌蛭科 Glossiphoniidae						

续表

分类	濑溪河流域					
	子流域1	子流域2	子流域3	子流域4	子流域5	子流域6
(5)宁静泽蛭 *Helobdella stagnalis*			+			
(6)拟扁蛭属 *Hemiclepsis* sp.					+	
(7)泽蛭属 *Helobdella* sp.						+
(8)绿蛙蛭 *Batracobdella paludosa*						+
四、软体动物门 Mollusca							
(五)腹足纲 Gastropoda							
4. 椎实螺科 Lymnaeidae							
(9)椭圆萝卜螺 *Radix swinhoei*			+			
(10)耳萝卜螺 *Radix auricularia*		+	+	+	+	+
5. 狭口螺科 Stenothyridae							
(11)光滑狭口螺 *Stenothyra glabra*			+			+
6. 黑螺科 Melaniidae							
(12)方格短沟蜷 *Semisulcospira cancellata*	+			+	+	+
7. 豆螺科 Bithyniidae							
(13)赤豆螺 *Bithynia fuchsiana*		+	+	+	+	
8. 田螺科 Viviparidae							
(14)铜锈环棱螺 *Bellamya aeruginosa*	+	+	+	+	+	+
(15)环棱螺属 *Bellamya* sp.		+	+	+	+	+
(16)中华圆田螺 *Cipangopaludina cathayensis*	+			+		
9. 瓶螺科 Ampullariidae							
(17)福寿螺 *Pomacea caniculata*		+		+	+	+
(六)瓣鳃纲 Lamellibranchia							
10. 蚬科 Corbiculidae							
(18)河蚬 *Corbicula fluminea*			+	+		

续表

分类	濑溪河流域					
	子流域1	子流域2	子流域3	子流域4	子流域5	子流域6
11. 贻贝科 Mytilidae						
(19) 淡水壳菜 *Limnoperna lacustris*			+		+	+
12. 蚌科 Unionidae						
(20) 背角无齿蚌 *Anodonta woodiana*				+		
(21) 圆顶珠蚌 *Unio douglasiae*			+			
五、节肢动物门 Arthropoda						
(七) 甲壳纲 Crustacea						
13. 匙指虾科 Atyidae						
(22) 锯齿新米虾 *Neocaridina denticulata*	+	+	+	+	+	+
14. 溪蟹科 Potamidae						
(23) 锯齿华溪蟹 *Sinopotamkon denticulatum*	+	+	+	+		+
15. 螯虾科 Cambaridae						
(24) 克氏原螯虾 *Procambarus clarkii*					+	
16. 钩虾科 Gammaridae						
(25) 淡水钩虾 *Gammarus*			+			
(八) 昆虫纲 Insecta						
17. 大蚊科 Tipulidae						
(26) 朝大蚊属 *Antocha* sp.	+				+	
18. 摇蚊科 Chironomidae						
(27) 那塔摇蚊属 *Natarsia* sp.				+	+	
(28) 真开氏摇蚊属 *Eukiefferiella* sp.	+	+	+	+	+	+
(29) 多足摇蚊属 *Polypedilum* sp.	+	+	+	+	+	+
(30) 摇蚊属 *Chironomus* sp.		+			+	
(31) 前突摇蚊属 *Procladius* sp.	+					

续表

分类	濑溪河流域					
	子流域1	子流域2	子流域3	子流域4	子流域5	子流域6
(32)隐摇蚊属 Cryptochironomus sp.			+	+		
(33)二叉摇蚊属 Dicrotendipes sp.					+	+
(34)粗腹摇蚊属 Pelopia sp.			+			+
(35)长跗摇蚊属 Tanytarsus sp.					+	+
(36)寡角摇蚊属 Diamesa sp.	+					+
(37)雕翅摇蚊属 Glyptotendipes sp.				+		
(38)猛摇蚊属 Acerbiphilus sp.			+		+	
(39)环足摇蚊属 Cricotopus sp.					+	
(40)水摇蚊属 Hydrobaenus sp.					+	
(41)底栖摇蚊属 Benthalia sp.	+		+			
(42)毛蠓亚科某种	+					
19.蚋科 Simuliidae							
(43)蚋科某种						+
20.蠓科 Ceratopogonidae							
(44)蠓科某种				+		
21.花蝇科 Anthomyiidae							
(45)花蝇科某种			+			
22.四节蜉科 Baetidae							
(46)假二翅蜉属 Pseudocloeon sp.		+	+	+	+	+
(47)黑四节蜉属 Nigrobaetis sp.				+		
(48)假刺翅蜉属 Pseudocentroptilum sp.				+	+	+
23.细裳蜉科 Leptophlebiidae							
(49)似宽基蜉属 Choroterpides sp.				+		
(50)思罗蜉属 Thraulus sp.					+	

续表

分类	濑溪河流域					
	子流域1	子流域2	子流域3	子流域4	子流域5	子流域6
24.扁蜉科 Heptageniidae						
(51)似动蜉属 *Cinygmina* sp.					+	
25.细蜉科 Caenidae						
(52)细蜉属 *Caenis* sp.	+	+	+	+	+	+
26.纹石蛾科 Hydropsychidae						
(53)纹石蛾属 *Hydropsyche* sp.			+		+	+
27.钩翅石蛾科 Helicopsychidae						
(54)钩翅石蛾科某种					+	+
28.姬石蛾科 Hydroptilidae						
(55)姬石蛾科某种		+				
29.径石蛾科 Ecnomidae						
(56)径石蛾科某种			+		+	+
30.长角泥甲科 Elmidae						
(57)狭溪泥甲属 *Stenelmis* sp.						+
31.水龟虫科 Hydrophilidae						
(58)苍白牙甲属 *Enochrus* sp.						+
32.龙虱科 Dytiscidae						
(59)龙虱科某种			+	+		
33.粒龙虱亚科 Laccophilinae						
(60)粒龙虱亚科某种					+	
34.伪蜓科 Corduliidae						
(61)伪蜓科某种					+	
35.春蜓科 Gomphidae						
(62)扩腹春蜓属 *Stylurus* sp.						+
36.伪蜻科 Corduliidae						
(63)大伪蜻属 *Macromia* sp.			+			
37.色蟌科 Calopterygidae						
(64)色蟌属 *Calopteryx* sp.	+				+	
38.扇蟌科 Platycnemididae						
(65)扇蟌属 *Platycnemis* sp.		+	+	+	+	+

续表

分类	濑溪河流域					
	子流域1	子流域2	子流域3	子流域4	子流域5	子流域6
39.细蟌科 Coenagrionidae						
(66)红眼蟌属 *Erythromma* sp.				+		
40.齿蛉科 Corydalidae						
(67)星齿蛉属 *Protohermes* sp.					+	
合计	14	15	32	23	37	31

5.1.1.5 鱼类监测结果分析

(1)渔获物组成及其类型。

经过2021年10月(秋季)、2022年1月(冬季)、2022年4月(春季)以及2022年7月(夏季)4个时间段25个监测点的实地调查,濑溪河共捕获鱼类4 522尾,隶属于5目12科34属50种,总重168 194.1 g。渔获物具体物种分类见表5.1-5。此次调查到的50种鱼类,按食性类型可分为植食性、杂食性和肉食性。其中,植食性鱼类有鲢和草鱼2种,占比为4%;杂食性鱼类有粗须白甲鱼、华鳈和四川华鳊等25种,占比为50%;肉食性鱼类有黄鳝、拟尖头鲌、乌鳢等23种,占比为46%。

(2)渔获物常见种、优势种及特有种。

濑溪河流域捕捞到的50种渔获物中,没有国家级保护物种,也没有重庆市市级保护物种,仅包括中国特有种19种,包括大鳞副泥鳅、粗须白甲鱼、达氏鲌、拟尖头鲌、半䱗、张氏䱀、厚颌鲂、四川华鳊、黑尾近红鲌、汪氏近红鲌、华鳈、峨眉鱊、小黄黝鱼、波氏吻虾虎鱼、大鳍鳠、长须拟鲿、钝吻拟鲿、长吻拟鲿、大口鲇。长江上游特有种8种,包括拟尖头鲌、半䱗、张氏䱀、厚颌鲂、四川华鳊、黑尾近红鲌、汪氏近红鲌、峨眉鱊。

根据相对重要性指数(index of relative importance,IRI)可表征群落中鱼类种类优势度。结合本次渔获物分类统计情况,本次调查划定IRI值大于等于500的为优势种,100—500(不含)之间的为常见种。IRI的计算公式如下:

$$I_{IRI}=(W+N)\times F\times 10^4$$

式中,N为某一种类的尾数占总尾数的百分比;

W为某一种类的质量占总质量的百分比;

F为某一种类出现点位数占总调查点位数的百分比;

I_{IRI}为相对重要性指数。

结果表明,濑溪河流域优势种有9种,分别为张氏䱗、棒花鱼、翘嘴鲌、䱗、高体鳑鲏、鲫、中华鳑鲏、鲢、麦穗鱼;常见种有7种,分别为红鳍原鲌、黄颡鱼、大鳍鱊、鳙、黑尾近红鲌、子陵吻虾虎鱼、汪氏近红鲌;还有外来种4种,分别为食蚊鱼、麦瑞加拉鲮、莫桑比克罗非鱼、蓝鳃太阳鱼。

(3)不同季节渔获物比较。

濑溪河流域春、夏、秋、冬季4次鱼类资源调查的渔获物种类、数量及质量分别见图5.1-13、图5.1-14和图5.1-15。濑溪河流域春季的渔获物种类明显少于其他季节,春季渔获物数量和质量也一样明显低于其他季节。秋季渔获物质量显著高于其他季节,主要是由于在昌州街道等几个监测点位捕捞到大量质量较大的鲢、翘嘴鲌等。

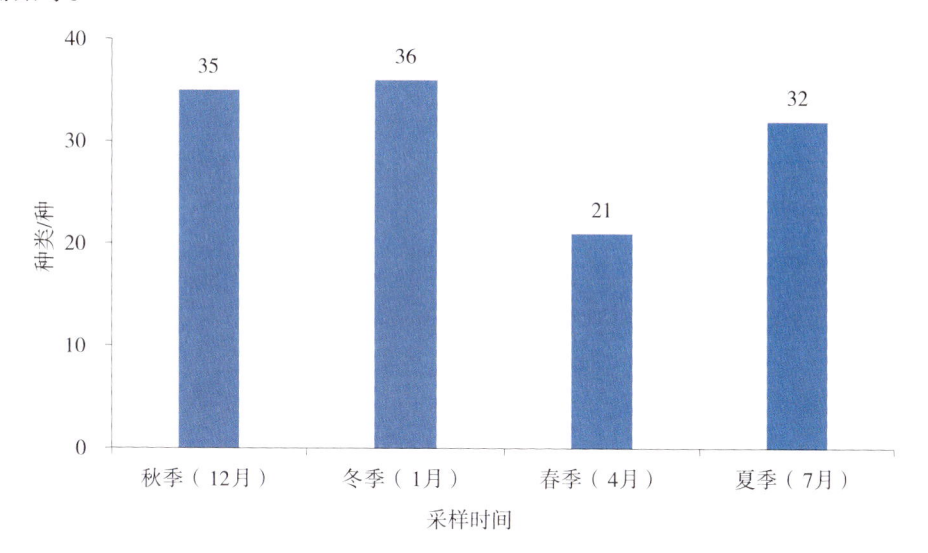

图5.1-13 濑溪河流域不同季节渔获物种类

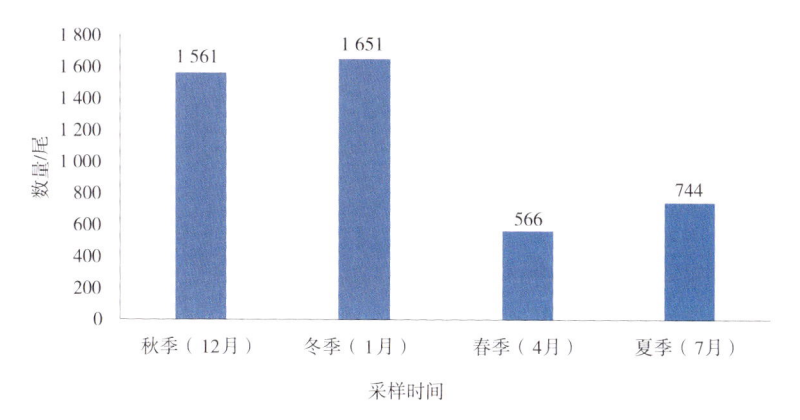

图5.1-14 濑溪河流域不同季节渔获物数量

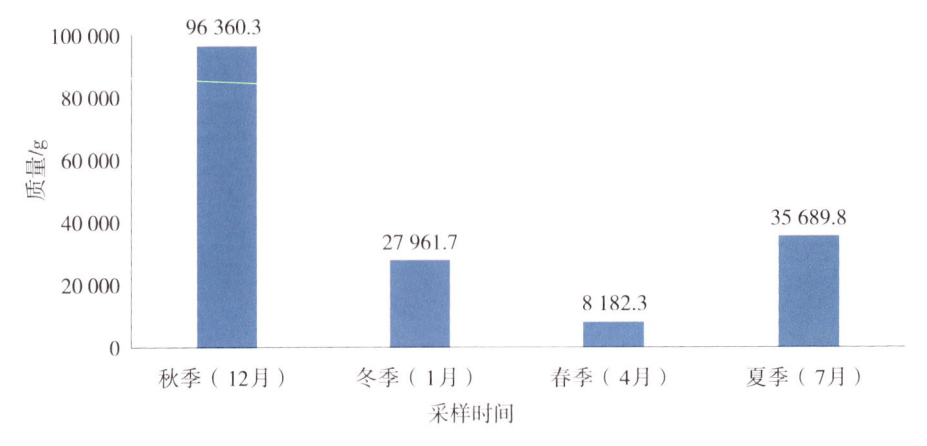

图5.1-15 濑溪河流域不同季节渔获物质量

濑溪河流域不同季节的渔获物种类有明显差异,如图5.1-16所示,4个季节均捕捞到的种类有15种,包括棒花鱼、鳌、草鱼、大鳍鱊、黑鳍鳈、黄颡鱼、鲫、蓝鳃太阳鱼、麦穗鱼、翘嘴鲌、四川华鳊、汪氏近红鲌、鳙、中华鳑鲏、子陵吻虾虎鱼,这15种渔获物在濑溪河流域出现的几率相对比较大。有些种类只在其中一个季节捕捞到,只在秋季捕捞到的有4种,包括半鳌、达氏鲌、拟尖头鲌、兴凯鱊;只在冬季捕捞到的有8种,包括赤眼鳟、华鳈、粗须白甲鱼、瓦氏黄颡鱼、大鳍鳠、大口鲇、鲇、食蚊鱼;只在春季捕捞到的有1种,为黄鳝;只在夏季捕捞到的有3种,包括长吻拟鲿、长须黄颡鱼、宽额鳢。不同季节渔获物种类的差异较大,可能与鱼类习性、捕捞时间、温度等有一定关系。

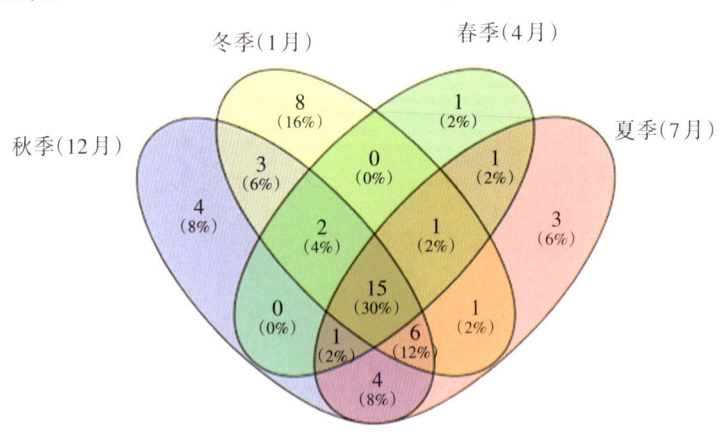

图5.1-16 濑溪河流域不同季节渔获物种类比较

（4）不同子流域渔获物比较。

濑溪河流域6个子流域4次鱼类资源调查的渔获物种类比较见图5.1-17。经统计，6个子流域均捕捞到的种类有10种，包括高体鳑鲏、中华鳑鲏、棒花鱼、麦穗鱼、汪氏近红鲌、黄颡鱼、鲫、鳌、黑尾近红鲌、子陵吻虾虎鱼。各个子流域的种类差异比较明显，只在子流域1里捕捞到的种类有3种，包括峨眉鱊、鮈、食蚊鱼；只在子流域2捕捞到的种类有3种，包括麦瑞加拉鲮、赤眼鳟、半鳌；只在子流域3捕捞到的种类有4种，包括长须拟鳂、粗须白甲鱼、长吻拟鳂、宽额鳢；只在子流域4捕捞到的种类有2种，为达氏鲌、兴凯鱊；只在子流域5捕捞到的种类有2种，为大口鮎、黄鳝；只在子流域6捕捞到的种类有3种，包括华鳈、大鳍鱊、瓦氏黄颡鱼。

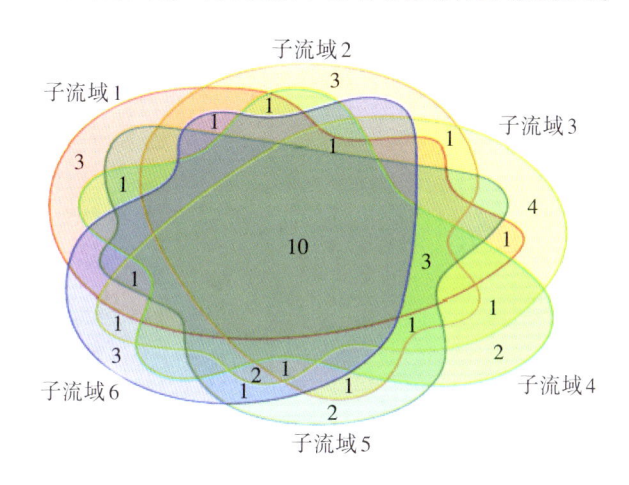

图5.1-17　濑溪河流域不同子流域渔获物种类比较

表5.1-5　濑溪河流域渔获物统计

序号	中文名	拉丁学名	目	科	属
1	黄鳝	*Monopterus albus*	合鳃鱼目	合鳃鱼科	黄鳝属
2	食蚊鱼	*Gambusia affinis*	鳉形目	胎鳉科	食蚊鱼属
3	大鳞副泥鳅	*Paramisgurnus dabryanus*	鲤形目	鳅科	副泥鳅属
4	泥鳅	*Misgurnus anguillicaudatus*	鲤形目	鳅科	泥鳅属
5	粗须白甲鱼	*Onychostonua barbata*	鲤形目	鲤科	白甲鱼属
6	达氏鲌	*Culter dabryi dabryi*	鲤形目	鲤科	鲌属
7	蒙古鲌	*Culter mongolicus mongolicus*	鲤形目	鲤科	鲌属
8	拟尖头鲌	*Culter oxycephaloides*	鲤形目	鲤科	鲌属
9	翘嘴鲌	*Culter alburnus*	鲤形目	鲤科	鲌属

续表

序号	中文名	拉丁学名	目	科	属
10	半䱗	*Hemiculterella sauvagei*	鲤形目	鲤科	半䱗属
11	贝氏䱗	*Hemiculter bleekeri*	鲤形目	鲤科	䱗属
12	䱗	*Hemiculter leucisculus*	鲤形目	鲤科	䱗属
13	张氏䱗	*Hemiculter tchangi*	鲤形目	鲤科	䱗属
14	厚颌鲂	*Megalobrama pellegrini*	鲤形目	鲤科	鲂属
15	四川华鳊	*Sinibrama taeniatus*	鲤形目	鲤科	华鳊属
16	黑尾近红鲌	*Ancherythroculter nigrocauda*	鲤形目	鲤科	近红鲌属
17	汪氏近红鲌	*Ancherythroculter wangi*	鲤形目	鲤科	近红鲌属
18	红鳍原鲌	*Cultrichthys erythropterus*	鲤形目	鲤科	原鲌属
19	棒花鱼	*Abbottina rivularis*	鲤形目	鲤科	棒花鱼属
20	麦穗鱼	*Pseudorasbora parva*	鲤形目	鲤科	麦穗鱼属
21	黑鳍鳈	*Sarcocheilichthys nigripinnis*	鲤形目	鲤科	鳈属
22	华鳈	*Sarcocheilichthys sinensis*	鲤形目	鲤科	鳈属
23	鲫	*Carassius auratus*	鲤形目	鲤科	鲫属
24	鲤	*Cyprinus carpio*	鲤形目	鲤科	鲤属
25	鲢	*Hypophthalmichthys molitrix*	鲤形目	鲤科	鲢属
26	鳙	*Aristichthys nobilis*	鲤形目	鲤科	鳙属
27	高体鳑鲏	*Rhodeus ocellatus*	鲤形目	鲤科	鳑鲏属
28	中华鳑鲏	*Rhodeus sinensis*	鲤形目	鲤科	鳑鲏属
29	大鳍鱊	*Acheilognathus macropterus*	鲤形目	鲤科	鱊属
30	峨眉鱊	*Acheilognathus omeiensis*	鲤形目	鲤科	鱊属
31	兴凯鱊	*Acheilognathus chankaensis*	鲤形目	鲤科	鱊属
32	草鱼	*Ctenopharyngodon idellus*	鲤形目	鲤科	草鱼属
33	赤眼鳟	*Squaliobarbus curriculus*	鲤形目	鲤科	赤眼鳟属
34	麦瑞加拉鲮	*Cirrhinus mrigala*	鲤形目	鲤科	鲮属
35	叉尾斗鱼	*Macropodus opercularis*	鲈形目	斗鱼科	斗鱼属
36	宽额鳢	*Channa gachus*	鲈形目	鳢科	鳢属
37	乌鳢	*Channa argus*	鲈形目	鳢科	鳢属
38	莫桑比克罗非鱼	*Oreochromis mossambicus*	鲈形目	丽鱼科	罗非鱼属
39	小黄黝鱼	*Micropercops swinhonis*	鲈形目	沙塘鳢科	小黄黝鱼属

续表

序号	中文名	拉丁学名	目	科	属
40	蓝鳃太阳鱼	*Lepomis macrochirus*	鲈形目	棘臀鱼科	太阳鱼属
41	波氏吻虾虎鱼	*Rhinogobius cliffordpopei*	鲈形目	虾虎鱼科	吻虾虎鱼属
42	子陵吻虾虎鱼	*Rhinogobius giurinus*	鲈形目	虾虎鱼科	吻虾虎鱼属
43	大鳍鳠	*Mystus macropterus*	鲇形目	鲿科	鳠属
44	黄颡鱼	*Pelteobagrus fulvidraco*	鲇形目	鲿科	黄颡鱼属
45	瓦氏黄颡鱼	*Pelteobagrus vachelli*	鲇形目	鲿科	黄颡鱼属
46	长须拟鲿	*Pseudobagrus eupogon*	鲇形目	鲿科	拟鲿属
47	钝吻拟鲿	*Pseudobagrus crassirostris*	鲇形目	鲿科	拟鲿属
48	长吻拟鲿	*Pseudobagrus longirostris*	鲇形目	鲿科	拟鲿属
49	大口鲇	*Silurus meridionalis*	鲇形目	鲇科	鲇属
50	鲇	*Silurus asotus*	鲇形目	鲇科	鲇属

5.1.1.6 浮游动物监测结果分析

（1）浮游动物物种组成。

经过调查，濑溪河流域4个季节共采集到浮游动物138种，隶属3门4纲13目26科64属，详情见表5.1-6。其中原生动物42种，占总物种数的30.43%；轮虫动物62种，占总物种数的45.93%；节肢动物34种，占总物种数的24.64%。从物种数量上看，本次调查表明，濑溪河流域浮游动物以轮虫动物最主，其次是原生动物。原生动物中，根足纲物种分布有26种，纤毛纲物种分布有16种，分别占总物种数的18.84%和11.59%。（水生）节肢动物中，枝角类分布有20种，桡足类分布有14种，分别占总物种数的14.49%和10.14%。濑溪河流域的优势种为无节幼体、螺形龟甲轮虫、晶囊轮虫、象鼻溞、针簇多肢轮虫、角突臂尾轮虫、剪形臂尾轮虫、曲腿龟甲轮虫、砂壳虫、萼花臂尾轮虫、尖额溞等。

表5.1-6 濑溪河流域浮游动物物种组成

门	纲	目	科	属	种	种占比/%
原生动物门	根足纲	2	4	8	26	18.84
	纤毛纲	5	5	9	16	11.59
轮虫动物门	轮虫纲	2	9	26	62	45.93
节肢动物门	甲壳纲	4	8	21	34	24.64
合计		4	13	26	64	138	100

秋季在濑溪河流域共采集到浮游动物80种,属3门4纲11目21科45属,详情见表5.1-7。其中原生动物26种,占总物种数的32.50%;轮虫动物39种,占总物种数的48.75%;节肢动物15种,占总物种数的18.75%。从物种数量上看,轮虫动物的单巢目有37种,占总物种数的46.25%。

表5.1-7 濑溪河流域浮游动物物种组成(秋季)

门	纲	目	科	属	种	种占比/%
原生动物门	根足纲	2	4	8	18	22.50
	纤毛纲	4	4	5	8	10.00
轮虫动物门	轮虫纲	2	8	19	39	48.75
节肢动物门	甲壳纲	3	5	13	15	18.75
合计		4	11	21	45	80	100

冬季在濑溪河流域共采集到浮游动物79种,属3门4纲8目18科44属,详情见表5.1-8。其中原生动物25种,占总物种数的31.64%;轮虫动物43种,占总物种数的54.43%;节肢动物11种,占总物种数的13.92%。从物种数量上看,轮虫动物的单巢目有41种,占总物种数的51.90%。

表5.1-8 濑溪河流域浮游动物物种组成(冬季)

门	纲	目	科	属	种	种占比/%
原生动物门	根足纲	2	4	5	16	20.25
	纤毛纲	2	2	5	9	11.39
轮虫动物门	轮虫纲	2	8	23	43	54.43
节肢动物门	甲壳纲	2	4	11	11	13.92
合计		4	8	18	44	79	100

春季在濑溪河流域共采集到浮游动物55种,属3门4纲9目16科31属,详情见表5.1-9。其中原生动物15种,占总物种数的27.27%;轮虫动物15种,占总物种数的27.27%;节肢动物25种,占总物种数的45.45%。从物种数量上看,节肢动物的数量最多,有25种;原生动物的纤毛纲仅6种,占比最小,为10.91%。

表5.1-9 濑溪河流域浮游动物物种组成(春季)

门	纲	目	科	属	种	种占比%
原生动物门	根足纲	1	2	3	9	16.36
	纤毛纲	2	2	3	6	10.91

续表

门	纲	目	科	属	种	种占比/%
轮虫动物门	轮虫纲	2	5	9	15	27.27
节肢动物门	甲壳纲	4	7	16	25	45.45
合计		4	9	16	31	55	100

夏季在濑溪河流域共采集到浮游动物65种,属3门4纲9目18科33属,详情见表5.1-10。其中原生动物16种,占总物种数的24.62%;轮虫动物39种,占总物种数的60.00%;节肢动物10种,占总物种数的15.38%。从物种数量上看,轮虫动物的数量最多,有39种;原生动物门中的纤毛纲仅6种,占比最小,为9.23%。

表5.1-10 濑溪河流域浮游动物物种组成(夏季)

门	纲	目	科	属	种	种占比/%
原生动物门	根足纲	1	1	3	10	15.38
	纤毛纲	2	2	5	6	9.23
轮虫动物门	轮虫纲	2	8	16	39	60.00
节肢动物门	甲壳纲	4	7	9	10	15.38
合计		4	9	18	33	65	100

比较分析濑溪河流域不同季节采集到的浮游动物物种数量发现,秋季(10月)和冬季(1月)的浮游动物物种数量较多,分别为80和79种,春季(4月)浮游动物物种数量较少,仅55种,如图5.1-18所示。

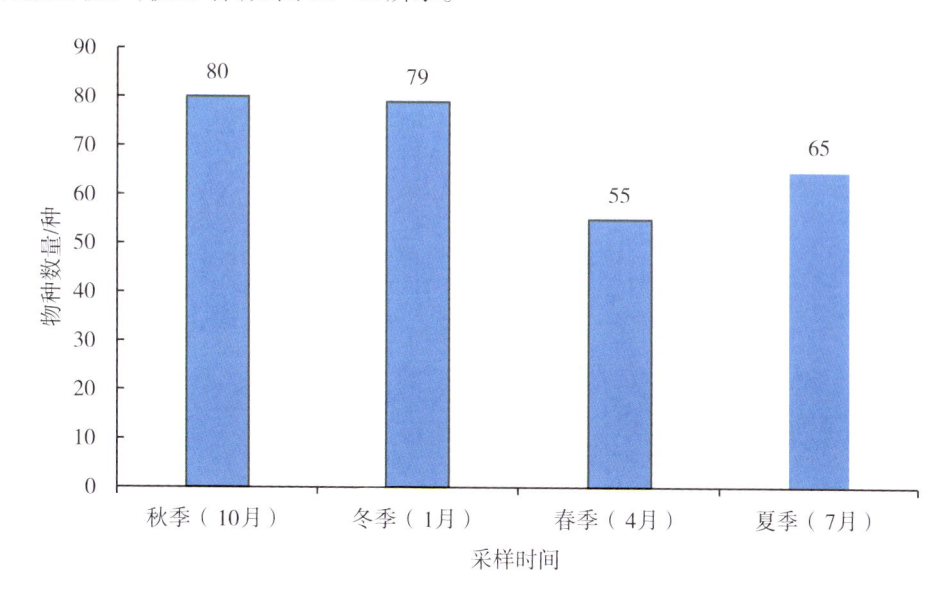

图5.1-18 濑溪河流域不同季节浮游动物物种数量

对濑溪河流域各季节的浮游动物物种数量进行韦恩图分析,结果如图5.1-19所示。各季节均有分布的浮游动物仅有9种,分别是长刺异尾轮虫、转轮虫、褐砂壳虫、橘色轮虫、晶囊轮虫、钟虫、对棘同尾轮虫、草履虫、冠饰异尾轮虫。

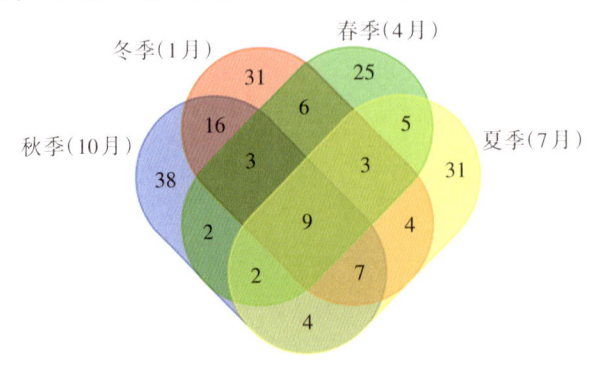

图5.1-19　濑溪河流域不同季节浮游动物物种数韦恩图

濑溪河流域不同子流域浮游动物物种数量如图5.1-20所示,子流域5的浮游动物物种数量最多,达到103种,其次是子流域3为91种,子流域6、4和2分别为74、64和51种,子流域1的浮游动物物种数量最少,仅有29种。各子流域均有分布的物种包括剪形臂尾轮虫、大针棘匣壳虫、尾突臂尾轮虫、褐砂壳虫、长额象鼻溞、螺形龟甲轮虫、橘轮虫、节幼体、钟虫、草履虫、萼花臂尾轮虫、球形砂壳虫、囊形单趾轮虫、曲腿龟甲轮虫、镰状臂尾轮虫15种。

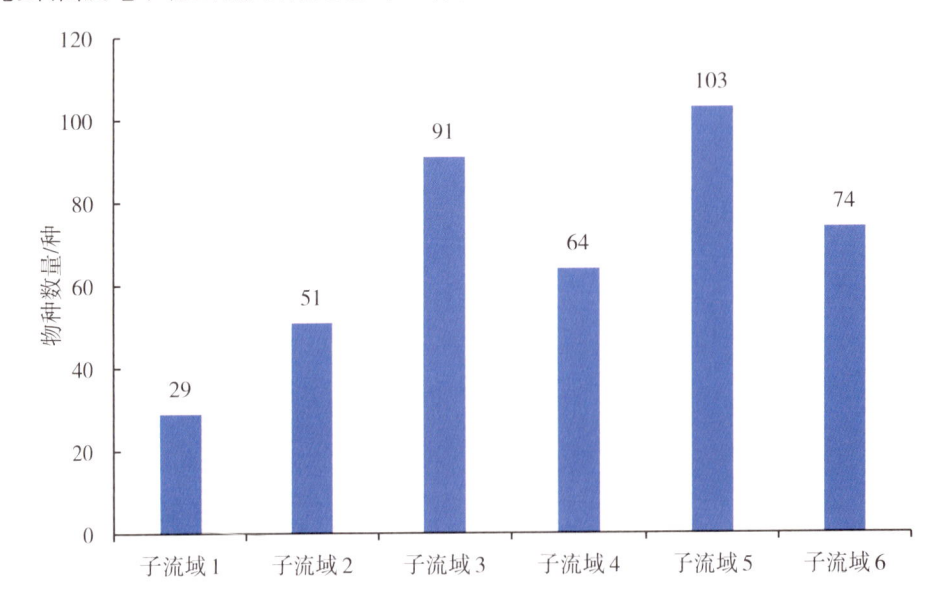

图5.1-20　濑溪河流域不同子流域浮游动物物种数量

(2) 浮游动物密度与生物量。

濑溪河流域各监测点浮游动物的平均密度在 34.8—637.0 个/L，其中上游水库 (L1) 的浮游动物密度最小，三奇寺水库 (L22) 的密度最大。濑溪河流域各监测点浮游动物的生物量为 0.064—1.839 mg/L，生物量最小和最大的对应监测断面分别是 L1 和 L22。濑溪河各监测点浮游动物密度及生物量统计见表 5.1-11。

濑溪河流域浮游动物密度的平均值为 248 个/L。比较分析不同季节的浮游动物密度，如图 5.1-21 所示，濑溪河流域浮游动物的密度在夏季（7月）最大，达到 580 个/L，其次是秋季（10月），为 229 个/L，密度最小的为春季（4月），为 21 个/L。濑溪河流域浮游动物的平均生物量为 0.554 mg/L，其中夏季的生物量最大，为 1.112 mg/L，其次是秋季，为 0.674 mg/L，冬季的生物量最小，仅 0.159 mg/L，详情见图 5.1-22。

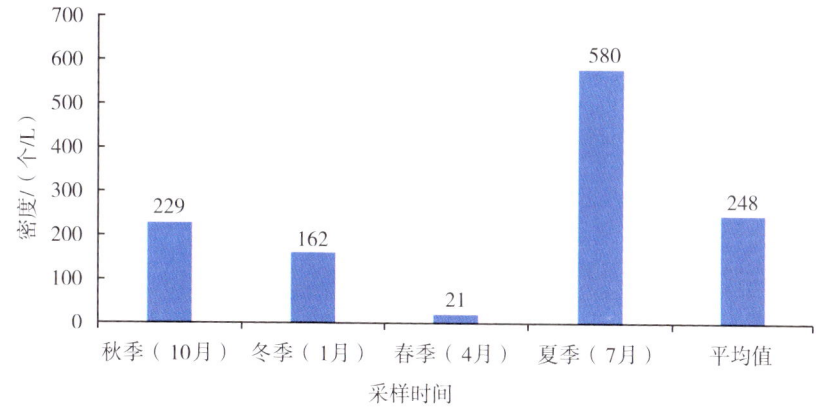

图 5.1-21　濑溪河流域不同季节浮游动物密度

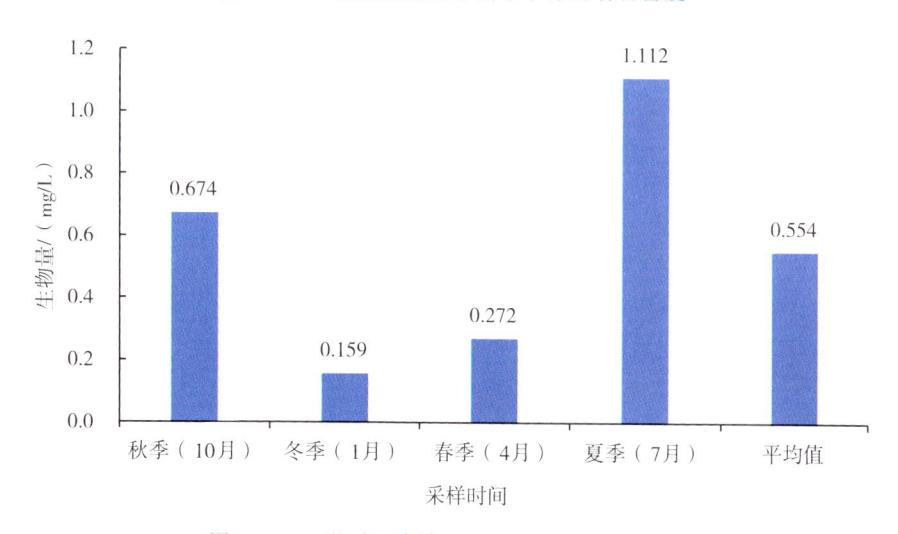

图 5.1-22　濑溪河流域不同季节浮游动物生物量

濑溪河流域各子流域浮游动物的密度在61.3—496.3个/L之间,其中子流域1的密度最小,子流域4的密度最大,详情见表5.1-12。其他各子流域的浮游动物密度从大到小依次为子流域3>子流域5>子流域6>子流域2,详情见图5.1-23。各子流域的浮游动物生物量表现出跟浮游动物密度类似的情况,生物量较大的是子流域3和子流域4,分别为0.968 mg/L和0.905 mg/L,子流域5、6和2的浮游动物生物量依次减少,最小的是子流域1,仅为0.150 mg/L,详情见图5.1-24。

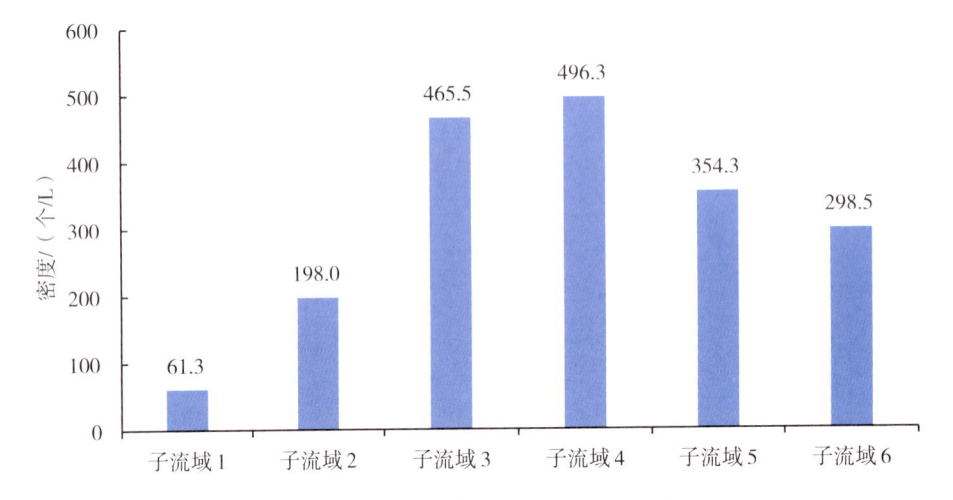

图5.1-23　濑溪河流域不同子流域浮游动物密度

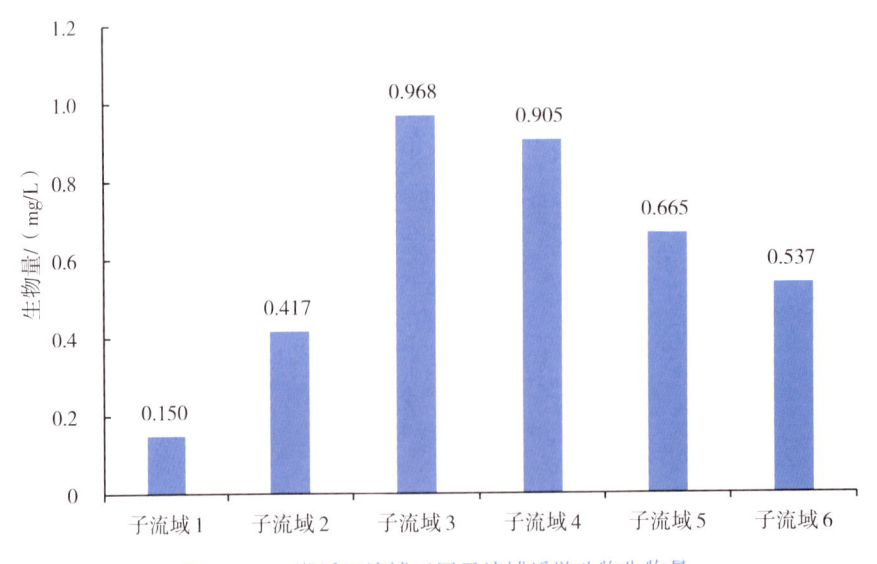

图5.1-24　濑溪河流域不同子流域浮游动物生物量

表5.1-11 濑溪河流域各监测点浮游动物密度及生物量统计

编号	监测点名称	密度/(个/L) 秋季	冬季	春季	夏季	平均值	生物量/(mg/L) 秋季	冬季	春季	夏季	平均值
L1	上游水库	9	48	7	75	34.8	0.001	0.011	0.140	0.105	0.064
L2	龙岗街道	79	69	10	810	242.0	0.438	0.032	0.192	1.731	0.598
L3	智凤街道	76	1 088	2	120	321.5	0.027	0.162	0.003	0.182	0.094
L4	鱼剑堤（龙水镇）	16	4	42	756	204.5	0.032	0	0.762	1.022	0.454
L5	玉滩水库库心	327	40	56	88	127.8	2.871	0.061	0.420	0.058	0.853
L6	界牌（珠溪镇）	102	44	60	1 427	408.3	0.162	0.022	0.790	1.569	0.636
L7	化龙水库	20	10	2	568	150.0	0.130	0.007	0.019	0.620	0.194
L8	宝顶镇（化龙溪）	22	14	1	585	155.5	0.002	0.001	0.020	1.729	0.438
L9	玉龙镇（小玉滩河）	56	56	24	780	229.0	0.004	0.288	0.457	1.585	0.584
L10	邮亭镇（牛奶河）	48	36	15	1 421	380.0	0.003	0.005	0.261	1.511	0.445
L11	三驱镇（窟窿河）	123	51	26	337	134.3	0.245	0.047	0.464	0.883	0.410
L12	季家镇（响水滩河）	20	34	5	540	149.8	0	0.465	0.106	3.119	0.923
L13	高升镇（高升河）	17	754	1	868	410.0	0.028	0.160	0.020	0.819	0.257
L14	龙石镇（珠溪河）	470	220	58	947	423.8	1.470	0.633	1.038	3.842	1.746
L15	关圣新堤	16	72	4	137	57.3	0.027	0.173	0.078	0.260	0.135
L16	广顺街道	94	23	5	852	243.5	0.542	0.105	0.079	1.985	0.678
L17	昌州街道	273	154	16	489	233.0	0.399	0.338	0.257	0.673	0.417
L18	高洞电站	216	7	99	1 425	436.8	0.093	0.001	0.323	0.561	0.245
L19	峰高街道（荣峰河）	217	658	9	306	297.5	1.114	1.149	0.178	0.791	0.808
L20	双河街道（白云溪河）	682	112	17	264	268.8	0.759	0.061	0.316	2.290	0.857
L21	直升镇（池水河）	426	464	1	365	314.0	1.204	0.199	0.020	0.152	0.394
L22	三奇寺水库	1 880	9	3	656	637.0	6.155	0.001	0.060	1.140	1.839
L23	昌元街道（连丰河）	242	13	9	265	132.3	0.528	0.030	0.107	0.777	0.361
L24	荣隆镇（新峰河）	102	50	14	136	75.5	0.212	0.010	0.227	0.117	0.142
L25	洗布潭河	184	22	34	276	129.0	0.392	0.004	0.468	0.281	0.286

表5.1-12　濑溪河流域各子流域浮游动物密度及生物量

控制单元	密度/(个/L)					生物量/(mg/L)				
	秋季	冬季	春季	夏季	平均值	秋季	冬季	春季	夏季	平均值
子流域1	8	120	11	106	61.3	0.014	0.185	0.218	0.182	0.150
子流域2	40	93	4	654	197.8	0.190	0.040	0.077	1.360	0.417
子流域3	174	856	40	791	465.3	0.761	1.137	0.578	1.396	0.968
子流域4	44	1 348	11	582	496.3	0.091	1.726	0.197	1.607	0.905
子流域5	523	516	9	370	354.5	1.602	0.309	0.142	0.608	0.665
子流域6	294	164	32	704	298.5	0.446	0.172	0.249	1.279	0.537
全流域均值	180.5	516.2	17.8	534.5	312.3	0.517	0.595	0.244	1.072	0.607

（3）浮游动物优势物种。

濑溪河流域秋季的浮游动物优势物种有草履虫、萼花臂尾轮虫、褐砂壳虫、角突臂尾轮虫、螺形龟甲轮虫、前节晶囊轮虫、球形砂壳虫、曲腿龟甲轮虫、无节幼体、舞跃无柄轮虫、月形腔轮虫、针簇多肢轮虫；冬季的优势物种有大针棘匣壳虫、褐砂壳虫、花篋臂尾轮虫、角突臂尾轮虫、近邻剑水蚤、橘色轮虫、镰状臂尾轮虫、螺形龟甲轮虫、杯状似铃壳虫、明镖水蚤幼体、前节晶囊轮虫、无节幼体、长肢多肢轮虫、针簇多肢轮虫；春季的优势物种有大眼溞、方形尖额溞、尖额溞、近亲拟剑水蚤、柯氏象鼻溞、盘肠溞、乳头砂壳虫、砂壳虫、王氏似铃壳虫、匣壳虫、长额象鼻溞、针簇多肢轮虫等；夏季的优势物种有壶状臂尾轮虫、剪形臂尾轮虫、角突臂尾轮虫、晶囊轮虫、螺形龟甲轮虫、砂壳虫、尾突臂尾轮虫、无节幼体、针簇多肢轮虫、钟虫。各季节除了无节幼体之外，没有共有的优势物种，详情见图5.1-25。

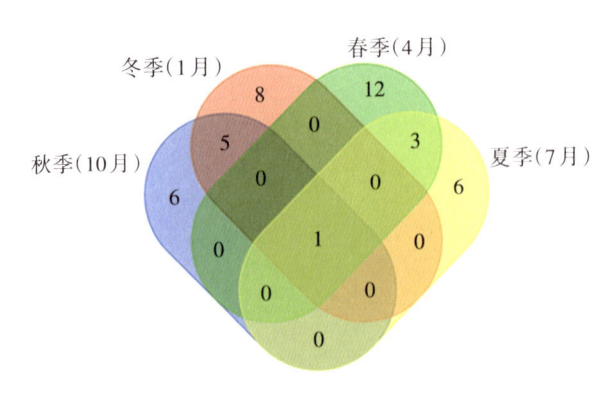

图5.1-25　濑溪河流域不同季节浮游动物优势物种韦恩图

濑溪河流域各子流域中,子流域1在各季节的浮游动物优势物种为角突臂尾轮虫、钟虫、乳头砂壳虫和无节幼体;子流域2在各季节的优势物种为褐砂壳虫、钟虫、砂壳虫、无节幼体;子流域3在各季节的优势物种均为无节幼体、角突臂尾轮虫、长额象鼻溞、无节幼体;子流域4在各季节的优势物种为螺形龟甲轮虫、钟虫、长额象鼻溞、无节幼体;子流域5在各季节的优势物种为螺形龟甲轮虫、壶状臂尾轮虫、盘肠溞、无节幼体;子流域6在各季节的优势物种为前节晶囊轮虫、螺形龟甲轮虫、针簇多肢轮虫、无节幼体。将濑溪河流域各监测点的优势物种按照流域归类后,发现各流域不存在共有的优势物种,如图5.1-26所示,不同季节的优势物种差异较大。

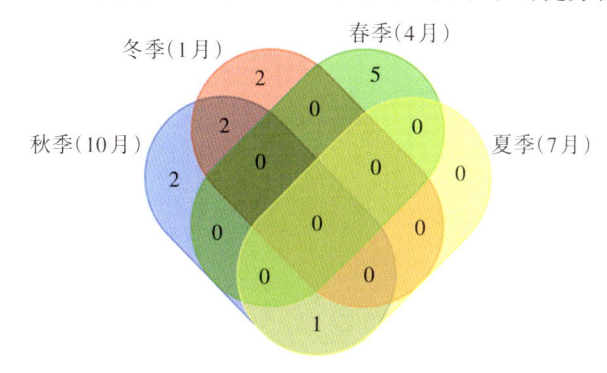

图5.1-26 按流域归类后濑溪河各季节浮游动物优势物种韦恩图

濑溪河流域浮游动物名录及分布情况见表 5.1-13。

表 5.1-13　濑溪河流域浮游动物名录及分布情况

序号	物种	L1	L2	L3	L4	L5	L6	L7	L8	L9	L10	L11	L12	L13	L14	L15	L16	L17	L18	L19	L20	L21	L22	L23	L24	L25
1	普通表壳虫 Arcella vulgaris	√	√																						√	
2	法帽虫 Phryganella sp.			√																√						
3	梨壳虫 Nebela sp.					√																				
4	砂壳虫 Difflugia sp.		√				√	√	√	√	√	√								√			√	√		
5	褐砂壳虫 D. avellana				√			√		√			√			√	√		√	√	√	√		√		√
6	球形砂壳虫 D. globulosa							√			√		√				√	√					√	√		√
7	尖顶砂壳虫 D. acuminata			√			√																			
8	壶形砂壳虫 D. lebes				√																					
9	乳头砂壳虫 D. mammillaris		√							√		√													√	
10	瓶砂壳虫 D. urceolata			√						√										√		√			√	
11	冠砂壳虫 D. corona														√											

续表

序号	物种	监测点编号																							
		L1	L2	L3	L4	L5	L6	L7	L8	L9	L10	L11	L12	L13	L14	L15	L16	L17	L18	L19	L20	L21	L22	L23	L24	L25
12	叉口砂壳虫 *D. gramen*				√																					
13	木兰砂壳虫 *D. mulanensis*			√																						
14	长圆砂壳虫 *D. oblonga*						√																			
15	藻片砂壳虫 *D. bacillarumnperty*																			√						
16	瘤棘砂壳虫 *D. tuberspinifera*																								√	√
17	匣壳虫 *Centropyxis sp.*			√									√													
18	针棘匣壳虫 *C. aculeata*	√	√				√		√	√									√	√	√					
19	大针棘匣壳虫 *C. aculeata grandis*	√	√			√	√			√		√							√		√	√		√		
20	长圆针棘匣壳虫 *C. aculeataoblonga*	√				√		√		√	√	√						√	√	√				√	√	
21	无棘匣壳虫 *C. ecornis*	√																			√					
22	瓜形虫 *Cucurbitella sp.*																	√	√							
23	棠萄芦虫 *C. mespiliformis*																			√						

107

续表

序号	物种	L1	L2	L3	L4	L5	L6	L7	L8	L9	L10	L11	L12	L13	L14	L15	L16	L17	L18	L19	L20	L21	L22	L23	L24	L25
24	太阳虫 *Actinophrys* sp.																√	√				√				√
25	刺胞虫 *Acanthocystis* sp.			√			√					√		√					√	√	√					
26	猬形刺胞虫 *A. erinaceus*												√					√								√
27	草履虫 *Paramecium* sp.	√								√					√											
28	双棘板壳虫 *Coleps bicuspis*														√											
29	游仆虫 *Euplotes* sp.			√						√	√													√		
30	钟虫 *Vorticella* sp.	√				√	√	√	√										√	√		√				
31	钟形钟虫 *V. campanula*							√									√		√	√			√		√	
32	缩聚虫 *Zoothamnium* sp.											√								√		√				
33	累枝虫 *Epistylis* sp.				√																				√	
34	似铃壳虫 *Tintinnopsis* sp.																				√		√			

续表

序号	物种	L1	L2	L3	L4	L5	L6	L7	L8	L9	L10	L11	L12	L13	L14	L15	L16	L17	L18	L19	L20	L21	L22	L23	L24	L25
35	杯状似铃壳虫 T. cratera						√			√														√		
36	锥形似铃壳虫 T. conicus																					√				
37	王氏似铃壳虫 T. wangi																√	√								√
38	中华似铃壳虫 T. sinensis																	√								
39	雷殿似铃壳虫 T. leidyi			√			√											√	√							
40	长筒似铃壳虫 T. longus													√												
41	尾纤虫 Urocentrum sp.		√																	√						
42	多态喇叭虫 Stentor polymorphus		√									√							√	√		√				
43	转轮虫 Rotaria rotatoria			√											√		√			√		√		√		
44	橘色轮虫 R. citrina	√															√					√		√		
45	钩状狭甲轮虫 Colurella uncinata																							√		

续表

序号	物种	\multicolumn{25}{c}{监测点编号}
		L1	L2	L3	L4	L5	L6	L7	L8	L9	L10	L11	L12	L13	L14	L15	L16	L17	L18	L19	L20	L21	L22	L23	L24	L25
46	爱德里亚裸甲轮虫 C. adriatica			√								√										√				
47	盘状鞍甲轮虫 Lepadella patella														√							√				
48	卵形鞍甲轮虫 L. ovalis									√	√															
49	鬼轮虫 Trichotria sp.																			√						
50	方块鬼轮虫 T. tetractis											√				√				√						
51	臂尾轮 Brachionus sp.	√			√				√	√	√		√								√					
52	剪形臂尾轮虫 B. forficula	√			√		√	√	√	√	√	√									√		√	√	√	√
53	镰状臂尾轮虫 B. falcatus	√			√			√	√	√	√							√			√		√	√		√
54	萼花臂尾轮虫 B. calyciflorus	√			√				√	√	√	√									√			√		√
55	角突臂尾轮虫 B. angularis		√		√	√			√														√			√
56	蒲达臂尾轮虫 B. budapestiensis				√																√		√	√	√	√

续表

序号	物种	监测点编号																									
		L1	L2	L3	L4	L5	L6	L7	L8	L9	L10	L11	L12	L13	L14	L15	L16	L17	L18	L19	L20	L21	L22	L23	L24	L25
57	花篋臂尾轮虫 B. capsuliflorus	√					√																			√
58	方形臂尾轮虫 B. quadridentatus		√			√	√																			
59	尾突臂尾轮虫 B. caudatus		√		√	√		√			√		√		√										√	√
60	皱褶臂尾轮虫 B. plicatilis								√		√									√						√
61	裂足轮虫 B. diversicornis		√			√	√			√	√										√					
62	壶状臂尾轮虫 B. urceus		√		√	√	√	√				√	√					√			√					√
63	四角平甲轮虫 Platyias quadricornis																									
64	十指平甲轮虫 P. militaris		√				√	√		√	√							√		√						
65	曲腿龟甲轮虫 Keratella valga	√	√		√	√	√	√			√										√		√	√	√	√
66	螺形龟甲轮虫 K. cochlearis	√	√		√	√	√	√			√										√		√		√	√

111

续表

序号	物种	监测点编号																								
		L1	L2	L3	L4	L5	L6	L7	L8	L9	L10	L11	L12	L13	L14	L15	L16	L17	L18	L19	L20	L21	L22	L23	L24	L25
67	矩形龟甲轮虫 K. quadrata	√		√											√		√	√	√	√				√		
68	唇形叶轮虫 Notholca labis						√				√								√							
69	腹棘管轮虫 Mytilina ventralis						√									√								√		
70	剑头棘管轮虫 M. mucronata					√																				
71	大肚须足轮虫 Euchlanis dilatata											√							√			√			√	√
72	梨状须足轮虫 E. piriformis			√			√													√						
73	月形腔轮虫 Lecane luna			√								√									√	√				
74	蹄形腔轮虫 L. ungulate													√												
75	瘤甲腔轮虫 L. nodosa					√																	√			
76	弯角腔轮虫 L. curvicornis		√	√			√		√										√	√	√				√	
77	囊形单趾轮虫 Monostyla bulla		√				√						√					√	√	√				√		√

112

续表

序号	物种	L1	L2	L3	L4	L5	L6	L7	L8	L9	L10	L11	L12	L13	L14	L15	L16	L17	L18	L19	L20	L21	L22	L23	L24	L25
78	月形单趾轮虫 M. lunaris																		√							
79	紫纹单趾轮虫 M. tethis						√																			
80	尖角单趾轮虫 M. hamata			√																						
81	对棘同尾轮虫 Diurella stylata					√														√						√
82	异尾轮虫 Trichocerca sp.				√	√	√					√								√						
83	长刺异尾轮虫 T. longiseta				√					√										√				√		
84	等刺异尾轮虫 T. similis					√	√					√		√					√							
85	冠饰异尾轮虫 T. lophoessa		√												√				√	√						√
86	小巨头轮虫 Cephalodella exigua		√																		√					√
87	凸背巨头轮虫 C. gibba																√	√							√	
88	椎尾水轮虫 Epiphanes senta											√													√	

续表

序号	物种	L1	L2	L3	L4	L5	L6	L7	L8	L9	L10	L11	L12	L13	L14	L15	L16	L17	L18	L19	L20	L21	L22	L23	L24	L25
89	无柄轮虫 Ascomorpha sp.											√									√					
90	舞跃无柄轮虫 A. saltans							√							√			√								√
91	甲叉椎轮虫 Notommata aurita																									√
92	针簇多肢轮虫 Polyarthra trigla			√	√	√	√			√		√					√							√		√
93	真翅多肢轮虫 P. euryptera																				√					
94	长肢多肢轮虫 P. dolichoptera			√	√	√		√		√				√	√											
95	截头皱甲轮虫 Ploesoma truncatum							√		√	√		√			√										
96	晶囊轮虫 Asplanchna sp.			√	√	√		√		√	√	√	√							√	√			√	√	√
97	前节晶囊轮虫 A. priodonta			√											√						√				√	
98	三肢轮虫 Filinia sp.			√	√			√		√			√		√											
99	长三肢轮虫 F. longiseta	√	√					√		√			√							√			√	√		

114

续表

序号	物种	监测点编号																								
		L1	L2	L3	L4	L5	L6	L7	L8	L9	L10	L11	L12	L13	L14	L15	L16	L17	L18	L19	L20	L21	L22	L23	L24	L25
100	奇异巨腕轮虫 *Pedaliamira*				√												√	√				√				
101	盘镜轮虫 *Testudinella patina*			√										√												
102	泡轮虫 *Pompholyx* sp.								√																	
103	独角聚花轮虫 *Conochillus unicornis*									√										√	√		√			
104	胶鞘轮虫 *Collotheca* sp.			√													√			√						
105	透明薄皮溞 *Leptodora kindti*					√						√														
106	秀体溞 *Diaphanosoma* sp.							√							√						√					
107	长肢秀体溞 *D. leuchtenbergianum*	√			√		√					√												√	√	√
108	缺刺秀体溞 *D. aspinosum*																	√								
109	短尾秀体溞 *D. brachyurum*																									

115

续表

序号	物种	L1	L2	L3	L4	L5	L6	L7	L8	L9	L10	L11	L12	L13	L14	L15	L16	L17	L18	L19	L20	L21	L22	L23	L24	L25
110	透明溞 D. hyalina											√								√						
111	尖额溞 Alona sp.		√						√											√						
112	方形尖额溞 A. quadrangularis	√													√		√							√	√	√
113	近亲尖额溞 A. affinis					√						√								√				√	√	√
114	隅齿尖额溞 A. karua				√																					
115	盘肠溞 Chydorus sp.																	√			√					
116	卵形盘肠溞 C. ovalis						√			√											√					
117	长额象鼻溞 Bosmina longirostris			√	√	√	√												√		√	√		√	√	√
118	柯氏象鼻溞 B. coregoni				√	√	√												√			√		√	√	√

5.1.1.7 藻类监测结果分析

藻类多样性指数主要是依据藻类细胞密度和种群结构的变化来评价水体污染程度的。通常情况下,指数值越大,水质越好,即藻类植物的种类多样性指数越大,其群落结构越复杂,稳定性越好,水质越好。当水体受到污染时,敏感型藻类大量消失,多样性指数减小,群落结构趋于简单,稳定性变差,水质下降。

本研究依据水体中藻类的密度及其种群结构计算了浮游藻类的多样性指数:香农-维纳(Shannon-Wiener)多样性指数(用H表示)、皮卢(Pielou)均匀度指数(用J表示)和格利森-马加莱夫(Gleason-Margalef)多样性指数(用MI表示)。基于这3类指数的水质评价标准见表5.1-14。

表5.1-14 基于藻类多样性指数的水质评价标准

指数类型	轻度污染	中度污染	重度污染
Shannon-Wiener多样性指数	$H>3$	$1<H\leq 3$	$0<H\leq 1$
Pielou均匀度指数	$0.5<J\leq 0.8$	$0.3<J\leq 0.5$	$J\leq 0.3$
Gleason-Margalef多样性指数	$4<MI\leq 5$	$3<MI\leq 4$	$MI\leq 3$

2021年10月的采样调查结果如表5.1-15所示,濑溪河流域6个子流域及25个监测点的Shannon-Wiener多样性指数值在1—3之间,Gleason-Margalef多样性指数值在3—4之间,水体质量表现为中度污染。Pielou均匀度指数值除L1上游水库、L2龙岗街道、L21直升镇(池水河)、L22三奇寺水库和L24荣隆镇(新峰河)5个监测点略高外,其余各监测点均在0.30—0.53之间,反映整体水体质量表现为中度污染。

2022年1月的采样调查结果如表5.1-16所示,濑溪河流域25个监测点的3项多样性指数数值有很大的差异,反映出流域水体情况较矛盾。Shannon-Wiener多样性指数值除L13高升镇(高升河)和L16广顺街道2个监测点略低于1(分别为0.96、0.97)外,其余各监测点的Shannon-Wiener多样性指数值均在1—3之间,水体质量表现为中度污染。各监测点的Pielou均匀度指数值都在0.5以上,水体质量表现为轻度污染。但各监测点的Gleason-Margalef多样性指数值都小于3,水体质量表现为重度污染。濑溪河流域6个子流域的Shannon-Wiener多样性指数值均在1—3之间,水体质量表现为中度污染。Pielou均匀度指数值均在0.8以上,水体质量较好。除子流域4以外,其余5个子流域的Gleason-Margalef多样性指数值均在3以上,水体质量整体表现为中度污染。

2022年4月的采样调查结果如表5.1-17所示,L9玉龙镇(小玉滩河)、L10邮亭镇(牛奶河)、L11三驱镇(窟窿河)、L12季家镇(响水滩河)、L13高升镇(高升河)、L15关圣新堤、L19峰高街道(荣峰河)、L21直升镇(池水河)、L22三奇寺水库、L23昌元街道(连丰河)和L24荣隆镇(新峰河)11个监测点的Shannon-Wiener多样性指数值大于3,水体质量表现为轻度污染,其余14个监测点的Shannon-Wiener多样性指数值在1—3之间,水体质量表现为中度污染。25个监测点的Pielou均匀度指数值均在0.9以上,水体质量较好。除L3智凤街道、L4鱼剑堤(龙水镇)和L8宝顶镇(化龙溪)3个监测点的Gleason-Margalef多样性指数值小于3(水体质量表现为重度污染)以外,其余各监测点的指数值多在4以上,水体质量表现为轻度污染。濑溪河流域6个子流域的Shannon-Wiener多样性指数值、Pielou均匀度指数值和Gleason-Margalef多样性指数值反映出流域的整体水体质量为轻度污染。

2022年7月的采样调查结果如表5.1-18所示,濑溪河流域25个监测点的Shannon-Wiener多样性指数值都在1—3之间,水体质量表现为中度污染。Pielou均匀度指数值大多在0.8以上,水体质量整体较好。而除L24荣隆镇(新峰河)的Gleason-Margalef多样性指数值大于3(水体质量表现为中度污染)外,其余24个监测点的指数值均在3以下,水体质量表现为重度污染。濑溪河流域6个子流域的Shannon-Wiener多样性指数值反映其水体质量整体为中度污染,Pielou均匀度指数值和Gleason-Margalef多样性指数值反映其水体质量整体较好。

表5.1-15 濑溪河流域6个子流域和25个监测点的多样性指数(2021年10月)

监测点编号和控制单元	指数值		
	Shannon-Wiener多样性指数	Pielou均匀度指数	Gleason-Margalef多样性指数
L1	2.50	0.72	3.64
L2	2.43	0.68	3.61
L3	2.38	0.53	3.58
L4	2.32	0.50	3.49
L5	2.33	0.50	3.49
L6	2.27	0.48	3.46
L7	2.20	0.41	3.33
L8	1.81	0.36	3.30
L9	2.10	0.40	3.37

续表

监测点编号和控制单元	指数值		
	Shannon-Wiener多样性指数	Pielou均匀度指数	Gleason-Margalef多样性指数
L10	1.93	0.39	3.37
L11	1.84	0.36	3.30
L12	1.86	0.37	3.30
L13	1.82	0.36	3.30
L14	1.90	0.39	3.37
L15	2.10	0.40	3.37
L16	2.41	0.46	3.40
L17	2.01	0.39	3.37
L18	2.03	0.39	3.37
L19	1.64	0.34	3.28
L20	1.72	0.37	3.31
L21	2.56	0.74	3.73
L22	2.64	0.78	3.73
L23	1.36	0.31	3.11
L24	2.60	0.75	3.74
L25	2.20	0.41	3.37
子流域1	2.33	0.54	3.49
子流域2	2.19	0.47	2.98
子流域3	2.12	0.46	3.51
子流域4	1.81	0.36	3.17
子流域5	2.04	0.51	3.51
子流域6	1.98	0.39	3.40
全流域平均值	2.08	0.46	3.34

表5.1-16　濑溪河流域6个子流域和25个监测点的多样性指数（2022年1月）

监测点编号和控制单元	指数值		
	Shannon-Wiener多样性指数	Pielou均匀度指数	Gleason-Margalef多样性指数
L1	2.28	0.92	2.91
L2	1.92	0.92	1.85
L3	1.81	0.93	1.59
L4	1.41	0.88	1.06
L5	1.99	0.96	1.85
L6	1.87	0.90	1.85
L7	2.01	0.92	2.11
L8	2.08	0.95	2.11
L9	2.26	0.94	2.64
L10	1.90	0.97	1.59
L11	1.71	0.96	1.32
L12	1.79	0.92	1.59
L13	0.96	0.87	0.53
L14	2.10	0.95	2.11
L15	1.92	0.92	1.85
L16	0.97	0.89	0.53
L17	1.50	0.84	1.32
L18	2.10	0.91	2.38
L19	1.38	0.77	1.32
L20	1.28	0.79	1.06
L21	1.85	0.95	1.59
L22	1.93	0.93	1.85
L23	2.27	0.95	2.64
L24	1.81	0.93	1.59
L25	1.85	0.95	1.59
子流域1	2.50	0.90	3.96

续表

监测点编号和控制单元	指数值		
	Shannon-Wiener多样性指数	Pielou均匀度指数	Gleason-Margalef多样性指数
子流域2	2.45	0.87	4.23
子流域3	2.98	0.88	7.40
子流域4	1.86	0.81	2.38
子流域5	2.82	0.88	6.34
子流域6	2.29	0.85	3.70
全流域平均值	2.48	0.87	4.67

表5.1-17 濑溪河流域6个子流域和25个监测点的多样性指数(2022年4月)

监测点编号和控制单元	指数值		
	Shannon-Wiener多样性指数	Pielou均匀度指数	Gleason-Margalef多样性指数
L1	2.83	0.96	4.07
L2	2.63	0.95	3.39
L3	2.36	0.95	2.49
L4	2.30	0.90	2.72
L5	2.59	0.93	3.40
L6	2.89	0.95	4.30
L7	2.89	0.97	4.30
L8	2.15	0.93	2.04
L9	3.19	0.98	5.66
L10	3.18	0.97	5.43
L11	3.24	0.95	6.56
L12	3.17	0.96	5.88
L13	3.29	0.97	6.56
L14	2.98	0.98	4.53
L15	3.13	0.98	5.20
L16	3.00	0.96	4.99

续表

监测点编号和控制单元	指数值		
	Shannon-Wiener多样性指数	Pielou均匀度指数	Gleason-Margalef多样性指数
L17	2.85	0.92	3.17
L18	2.73	0.93	4.07
L19	3.03	0.95	5.20
L20	2.89	0.95	4.56
L21	3.32	0.95	6.56
L22	3.25	0.95	6.79
L23	3.36	0.98	6.79
L24	3.11	0.96	5.66
L25	2.87	0.96	4.30
子流域1	3.41	0.97	7.47
子流域2	3.31	0.94	7.47
子流域3	3.75	0.94	11.77
子流域4	3.71	0.95	10.86
子流域5	3.89	0.94	14.03
子流域6	3.58	0.94	10.18
全流域平均值	3.61	0.95	10.30

表5.1-18 濑溪河流域6个子流域和25个监测点的多样性指数(2022年7月)

监测点编号和控制单元	指数值		
	Shannon-Wiener多样性指数	Pielou均匀度指数	Gleason-Margalef多样性指数
L1	2.12	0.87	2.01
L2	1.65	0.79	1.26
L3	2.33	0.90	2.52
L4	1.37	0.74	0.76
L5	2.01	0.86	1.76
L6	2.13	0.88	2.01

续表

监测点编号和控制单元	指数值		
	Shannon-Wiener多样性指数	Pielou均匀度指数	Gleason-Margalef多样性指数
L7	2.13	0.88	2.01
L8	1.74	0.81	1.26
L9	1.56	0.78	1.01
L10	2.22	0.88	2.27
L11	1.75	0.82	1.26
L12	1.71	0.81	1.26
L13	2.09	0.86	2.01
L14	1.91	0.85	1.51
L15	2.34	0.90	2.52
L16	2.25	0.89	2.27
L17	2.40	0.90	2.77
L18	1.86	0.83	1.51
L19	1.75	0.82	1.26
L20	1.84	0.83	1.51
L21	2.06	0.85	2.01
L22	1.52	0.76	1.01
L23	1.85	0.83	1.51
L24	2.66	0.92	3.78
L25	2.25	0.89	2.27
子流域1	2.87	0.94	4.53
子流域2	3.86	0.98	13.10
子流域3	3.16	0.95	7.05
子流域4	2.66	0.91	4.03
子流域5	3.01	0.94	6.55
子流域6	2.87	0.93	5.29
全流域平均值	3.07	0.94	6.76

5.1.2 水域生态敏感区现状

濑溪河流域内的水域自然保护区包括重庆濑溪河国家湿地公园及集中式饮用水水源地保护区。

5.1.2.1 重庆濑溪河国家湿地公园

重庆濑溪河国家湿地公园位于荣昌区中东部、荣昌城区东北部,地处濑溪河的中上游,如图5.1-27所示,其地理坐标为东经105°30′33″—105°39′06″,北纬29°24′05″—29°30′03″。湿地公园内的濑溪河岸线长约17 km,枯水期平均水面宽50—60 m,水深5—15 m,最大流量为2 020 m³/s,平均流速为5.5 m/s。

重庆濑溪河国家湿地公园分为保护保育区、恢复重建区、科普宣教区、合理利用区和管理服务区5个区,其中保护保育区面积为595.6 hm²,占湿地公园总面积的65.13%,包括了湿地公园常水位线内的所有水域。

湿地公园内的湿地分为自然湿地、人工湿地两大湿地类,永久性河流湿地、库塘湿地、稻田湿地3种湿地型。

自然湿地:湿地公园的自然湿地主要为永久性河流湿地(常年有河水径流的湿地,仅包括河床部分),包括濑溪河主河道、一级支流库绿河和5条细支流。

人工湿地:由于农渔活动的发展,湿地公园内还分布着大量的人工湿地,主要包括库塘湿地、稻田湿地两种湿地型。

① 库塘湿地(为实现灌溉、水电、防洪等目的而建造的人工蓄水设施):包括与库绿河连通的高升桥水库、河流两侧的大小池塘(主要分布在湿地公园的西南和东南部)。

② 稻田湿地(能种植一季、两季、三季水稻或者冬季蓄水或浸湿的农田):散布于河流两岸的阶地和浅丘中。

重庆濑溪河国家湿地公园的湿地面积为386.65 hm²,占湿地公园总面积的42.28%。其中,永久性河流湿地面积为128.85 hm²,占湿地面积的33.32%;稻田湿地面积为17.30 hm²,占湿地面积的4.47%;库塘湿地面积为240.50 hm²,占湿地面积的62.20%。

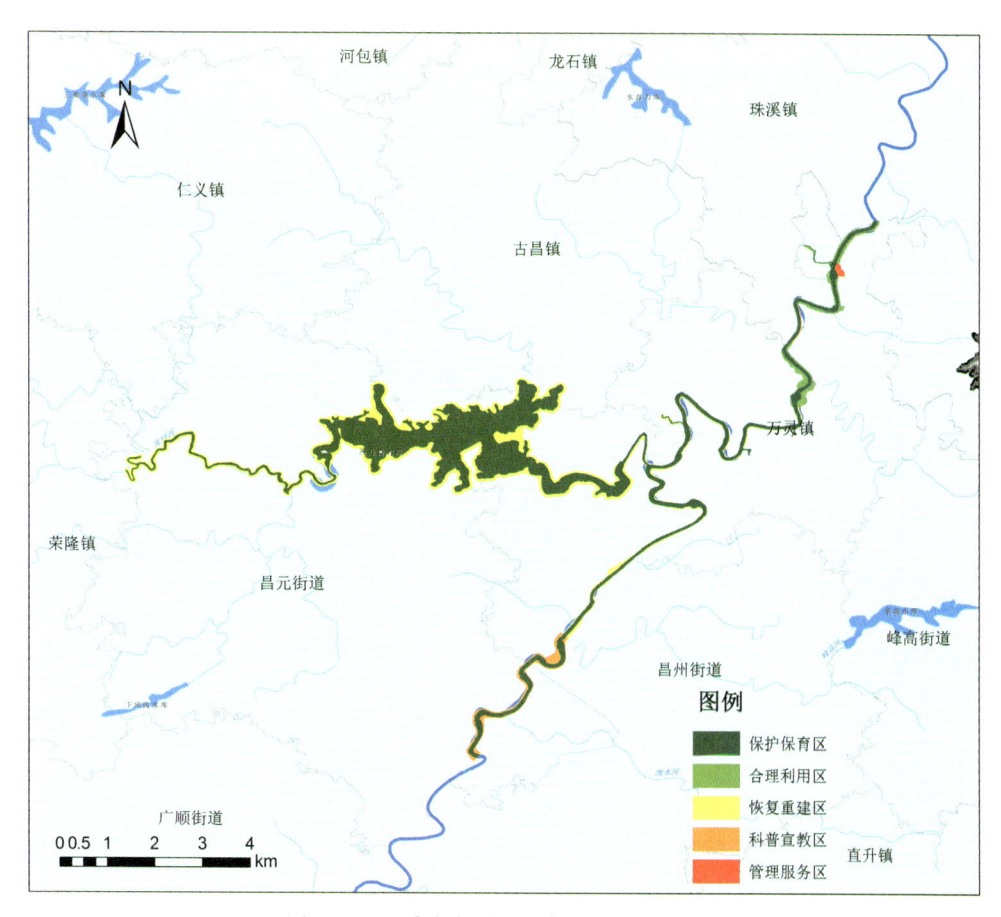

图 5.1-27　重庆濑溪河国家湿地公园示意图

5.1.2.2 集中式饮用水水源地保护区

濑溪河流域共有集中式饮用水水源地54个,其中县区级饮用水水源地7个,乡镇级万人千吨饮用水水源地10个,其他乡镇级饮用水水源地37个。其中,干流现有饮用水水源地14个。集中式饮用水水源地位置分布情况如图5.1-28所示。

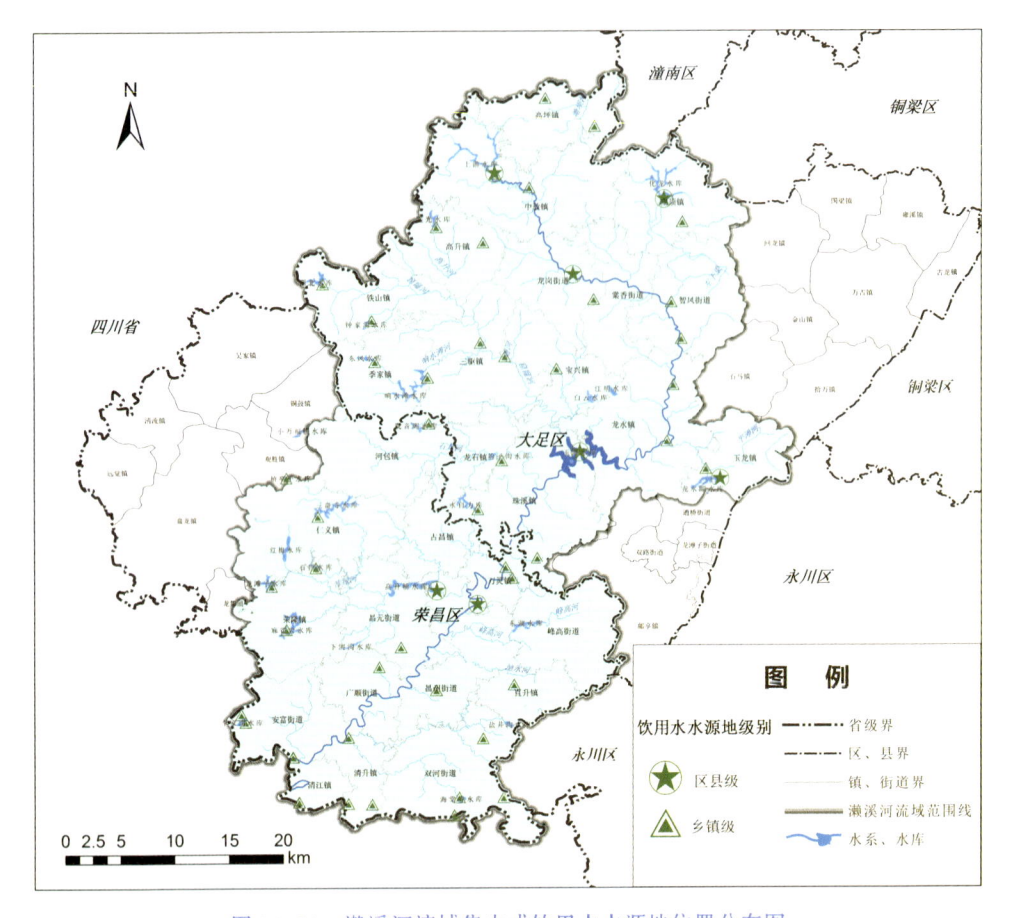

图 5.1-28 濑溪河流域集中式饮用水水源地位置分布图

本研究根据2018—2020年重庆市大足区和荣昌区生态环境局的饮用水水源地监测数据对各水源地进行水质现状评价。其中,县区级和乡镇级万人千吨集中式饮用水水源地每季度监测一次,乡镇级非万人千吨集中式饮用水水源地每年监测一次。本研究采用单因子法开展评价,评价数据为每年监测数据的算术平均值。水源地名录及水质评价结果如表5.1-19所示。

2020年濑溪河流域水质满足Ⅲ类标准要求的水源地有51个,水质总体达标比例为94.4%。不达标水源地共计3个,其中大足区1个(金竹水库曙光水电实业有限公司宝兴自来水厂水源地),为万人千吨的湖库型乡镇级饮用水水源地,超标因子是高锰酸盐指数(Ⅳ类,0.25);荣昌区共2个,均为非万人千吨的湖库型乡镇级饮用水水源地,超标因子分别是高锰酸盐指数(Ⅳ类,0.25)、总磷(Ⅳ类,0.60)和高锰酸盐指数(Ⅳ类,0.60)、总磷(Ⅳ类,0.40)。2018—2020年,濑溪河流域集中式饮用水水源地全年水质达标率均为100%；乡镇级集中式饮用水水源地全年水质达标率2018年为95%，2019年为97%，2020年为93%。

表5.1-19 濑溪河流域饮用水水源地及其水质情况

序号	行政区	水源地名称	水源地类型	水源地级别	水质目标	水质评价 2018年	水质评价 2019年	水质评价 2020年
1	荣昌区	高升桥水库渝荣水务有限公司北门水厂水源地	湖库型	县区级	Ⅲ	Ⅲ	Ⅲ	Ⅲ
2	荣昌区	荣昌区濑溪河渝荣水务公司黄金坡水厂水源地	河流型	县区级	Ⅲ	Ⅲ	Ⅲ	Ⅲ
3	大足区	上游水库大足区自来水厂有限公司水源地	湖库型	县区级	Ⅲ	Ⅲ	Ⅲ	Ⅲ
4	大足区	玉滩水库双桥经开区水务有限责任公司水源地	湖库型	县区级	Ⅲ	Ⅲ	Ⅲ	Ⅲ
5	大足区	龙水湖水库双桥经开区水务有限公司水塔水厂水源地	湖库型	县区级	Ⅲ	Ⅲ	Ⅲ	Ⅲ
6	大足区	濑溪河渝大水务有限责任公司西门水厂水源地	河流型	县区级	Ⅲ	Ⅲ	Ⅲ	Ⅲ
7	大足区	化龙水库大足区自来水有限责任公司水源地	湖库型	县区级	Ⅲ	Ⅲ	Ⅲ	Ⅲ
8	荣昌区	荣昌区仁义镇三奇寺水库三奇寺、河包水厂、兴兴自来水站水源地	湖库	万人千吨	Ⅲ	Ⅲ	Ⅲ	Ⅲ
9	荣昌区	荣昌区双河街道海棠寺水库双河水厂水源地	湖库	万人千吨	Ⅲ	Ⅲ	Ⅲ	Ⅲ
10	荣昌区	荣昌区昌州街道李家岩水库石河水厂水源地	湖库	非万人千吨	Ⅲ	Ⅲ	Ⅲ	Ⅲ
11	荣昌区	荣昌区安富街道李家沟水库安富水厂水源地	湖库	非万人千吨	Ⅲ	Ⅲ	Ⅲ	Ⅲ
12	荣昌区	荣昌区安富街道濑溪河长江特种装备有限公司水厂水源地	河流	非万人千吨	Ⅲ	Ⅲ	Ⅲ	Ⅲ
13	荣昌区	荣昌区安富街道普陀寺水库安富水厂水源地	湖库	非万人千吨	Ⅲ	Ⅲ	Ⅲ	Ⅲ
14	荣昌区	荣昌区双河街道千佛寺水库金佛自来水厂水源地	湖库	非万人千吨	Ⅲ	Ⅲ	Ⅲ	Ⅲ
15	荣昌区	荣昌区昌元街道四面山水库虹桥自来水厂水源地	湖库	非万人千吨	Ⅲ	Ⅲ	Ⅲ	Ⅲ
16	荣昌区	荣昌区广顺街道工农水库李家坪水厂水源地	湖库	非万人千吨	Ⅲ	Ⅲ	Ⅲ	Ⅲ
17	荣昌区	荣昌区双河街道岚峰水库岚峰自来水厂水源地	湖库	非万人千吨	Ⅲ	Ⅲ	Ⅲ	Ⅲ

续表

序号	行政区	水源地名称	水源地类型	水源地级别	水质目标	水质评价 2018年	水质评价 2019年	水质评价 2020年
18	荣昌区	荣昌区直升镇鹅颈坝水库直升水厂水源地	湖库	非万人千吨	Ⅲ	Ⅲ	Ⅲ	Ⅲ
19	荣昌区	荣昌区万灵镇莲花庵水库万灵水厂水源地	湖库	非万人千吨	Ⅲ	Ⅲ	Ⅲ	Ⅲ
20	荣昌区	荣昌区万灵镇濑溪河万灵水厂水源地	河流	非万人千吨	Ⅲ	Ⅲ	Ⅲ	Ⅲ
21	荣昌区	荣昌区清江镇濑溪河清江水厂水源地	河流	非万人千吨	Ⅲ	Ⅲ	Ⅲ	Ⅲ
22	荣昌区	荣昌区双河街道土地湾水库水排山坳水厂水源地	湖库	非万人千吨	Ⅲ	Ⅲ	Ⅲ	Ⅲ
23	荣昌区	荣昌区清升镇二流水水库清升水厂水源地	湖库	非万人千吨	Ⅲ	Ⅲ	Ⅲ	Ⅲ
24	荣昌区	荣昌区清升镇濑溪河清升自来水厂水源地	河流	非万人千吨	Ⅲ	Ⅲ	Ⅲ	Ⅲ
25	荣昌区	荣昌区清升镇濑溪河益民机械厂水厂水源地	河流	非万人千吨	Ⅲ	Ⅲ	Ⅲ	Ⅲ
26	荣昌区	荣昌区荣隆镇麻雀岩水库荣隆自来水站、荣隆工业园区水厂水源地	湖库	非万人千吨	Ⅲ	Ⅴ	Ⅲ	Ⅲ
27	荣昌区	荣昌区荣隆镇龙滩子水库荣隆镇黄坪自来水厂水源地	湖库	非万人千吨	Ⅲ	Ⅲ	Ⅲ	Ⅲ
28	荣昌区	荣昌区荣隆镇石卡拉水库葛桥水厂水源地	湖库	非万人千吨	Ⅲ	Ⅲ	Ⅲ	Ⅳ
29	荣昌区	荣昌区龙集镇观音岩水库龙集水厂水源地	湖库	非万人千吨	Ⅲ	Ⅲ	Ⅲ	Ⅳ
30	大足区	胜光水库高升自来水厂水源地	湖库	万人千吨	Ⅲ	Ⅲ	Ⅲ	Ⅲ
31	大足区	豹子塘河珠溪自来水厂水源地	河流	万人千吨	Ⅲ	Ⅲ	Ⅲ	Ⅲ
32	大足区	泗马河弥陀自来水厂水源地	河流	万人千吨	Ⅲ	Ⅲ	Ⅲ	Ⅲ
33	大足区	濑溪河曙光水电实业有限公司智凤自来水厂水源地	河流	万人千吨	Ⅲ	Ⅲ	Ⅲ	Ⅲ
34	大足区	窟窿河三驱自来水厂水源地	河流	万人千吨	Ⅲ	Ⅲ	Ⅲ	Ⅲ
35	大足区	金竹水库曙光水电实业有限公司宝兴自来水厂水源地	湖库	万人千吨	Ⅲ	Ⅲ	Ⅲ	Ⅳ
36	大足区	龙水湖水库水源地(龙源水厂)	湖库	万人千吨	Ⅲ	Ⅲ	Ⅲ	Ⅲ

续表

序号	行政区	水源地名称	水源地类型	水源地级别	水质目标	水质评价 2018年	水质评价 2019年	水质评价 2020年
37	大足区	西北水库曙光水电实业有限公司铁山自来水厂水源地	湖库	万人千吨	Ⅲ	Ⅲ	Ⅲ	Ⅲ
38	大足区	大足区龙岗街道殷家沟水库官峰村饮水集中供水工程水源地	湖库	非万人千吨	Ⅲ	Ⅲ	Ⅲ	Ⅲ
39	大足区	濑溪河倒马坎段龙岗前进村农村集中供水水源地	河流	非万人千吨	Ⅲ	Ⅲ	Ⅲ	Ⅲ
40	大足区	濑溪河黄泥自来水厂水源地	河流	非万人千吨	Ⅲ	Ⅲ	Ⅲ	Ⅲ
41	大足区	大足区濑溪河重庆市渝大水务有限责任公司龙水水厂水源地	河流	非万人千吨	Ⅲ	劣Ⅴ	Ⅲ	Ⅲ
42	大足区	丰收水库农村集中供水水源地	湖库	非万人千吨	Ⅲ	Ⅲ	Ⅲ	Ⅲ
43	大足区	大足区中敖镇濑溪河中敖水厂水源地	河流	非万人千吨	Ⅲ	Ⅲ	Ⅲ	Ⅲ
44	大足区	小太平水库中敖双柏村农村集中供水水源地	湖库	非万人千吨	Ⅲ	Ⅲ	Ⅳ	Ⅲ
45	大足区	响水滩水库三驱自来水厂水源地	湖库	非万人千吨	Ⅲ	Ⅲ	Ⅲ	Ⅲ
46	大足区	大足区宝兴镇窟窿河杨柳村水厂水源地	河流	非万人千吨	Ⅲ	Ⅲ	Ⅲ	Ⅲ
47	大足区	自力湾水库曙光水电公司土门自来水厂水源地	湖库	非万人千吨	Ⅲ	Ⅲ	Ⅲ	Ⅲ
48	大足区	坛子凼水库沙坝自来水厂水源地	湖库	非万人千吨	Ⅲ	Ⅲ	Ⅲ	Ⅲ
49	大足区	豹子塘水库曙光水电实业公司龙石自来水厂水源地	湖库	非万人千吨	Ⅲ	Ⅲ	Ⅲ	Ⅲ
50	大足区	钟家沟水库曙光水电实业公司宝山自来水厂水源地	湖库	非万人千吨	Ⅲ	Ⅲ	Ⅲ	Ⅲ
51	大足区	一碗水水库高升先进村农村集中供水水源地	湖库	非万人千吨	Ⅲ	Ⅲ	Ⅲ	Ⅲ
52	大足区	群乐水库高坪自来水厂水源地	湖库	非万人千吨	Ⅲ	Ⅲ	Ⅲ	Ⅲ
53	大足区	东风水库曙光水电实业公司季家自来水厂水源地	湖库	非万人千吨	Ⅲ	Ⅲ	Ⅲ	Ⅲ
54	大足区	瓦厂沟水库天宝自来水厂水源地	湖库	非万人千吨	Ⅲ	Ⅲ	Ⅲ	Ⅲ

5.1.3 外来物种入侵现状

根据收集的资料,濑溪河流域暂无大型外来物种入侵事例的报告。据现场调查结果,各子流域的外来入侵物种情况类似,入侵动物主要为克氏原螯虾和巴西红耳龟,入侵植物则有空心莲子草和凤眼莲,如图5.1-29所示。两种外来入侵动物在其所在水域数量均有增加的趋势,外来入侵植物在濑溪河干、支流中数量均有增加的趋势。

(a)克氏原螯虾　　(b)巴西红耳龟

(c)空心莲子草　　(d)凤眼莲

图5.1-29　濑溪河流域主要外来入侵物种

5.2

5.2.1 土地利用现状

濑溪河流域(重庆段)全流域面积为 1 658.94 km²(根据土地利用数据提取计算)。其中,耕地面积占比最大,达到60.5%,各子流域中,子流域5和子流域3的耕地面积较大;其次是林地,面积占比达到17.3%,子流域4和子流域5的林地面积较大;建设用地面积占比达到14.6%,主要分布在子流域3和子流域5;其他用地和草地的面积占比较小,仅占0.3%和0.7%。濑溪河流域土地利用现状统计见表5.2-1,土地利用类型分布情况见图5.2-1,各类土地利用类型面积占比情况见图5.2-2。

表5.2-1　濑溪河流域土地利用现状统计

控制单元	土地利用面积/km²							
	林地	建设用地	耕地	草地	其他用地	水域	园地	交通用地
子流域1	40.09	14.72	94.73	2.37	0.96	4.39	0.55	0.56
子流域2	42.60	34.06	134.57	2.23	0.57	5.93	2.68	5.05
子流域3	40.63	50.48	211.99	2.67	0.60	11.92	4.40	2.36
子流域4	63.30	31.11	181.34	4.19	1.21	10.12	3.15	2.34
子流域5	58.27	78.35	255.23	0.25	1.00	16.06	11.82	5.84
子流域6	41.67	33.15	126.11	0.45	1.08	5.76	14.46	1.57
全流域合计	286.56	241.87	1 003.97	12.16	5.42	54.18	37.06	17.72

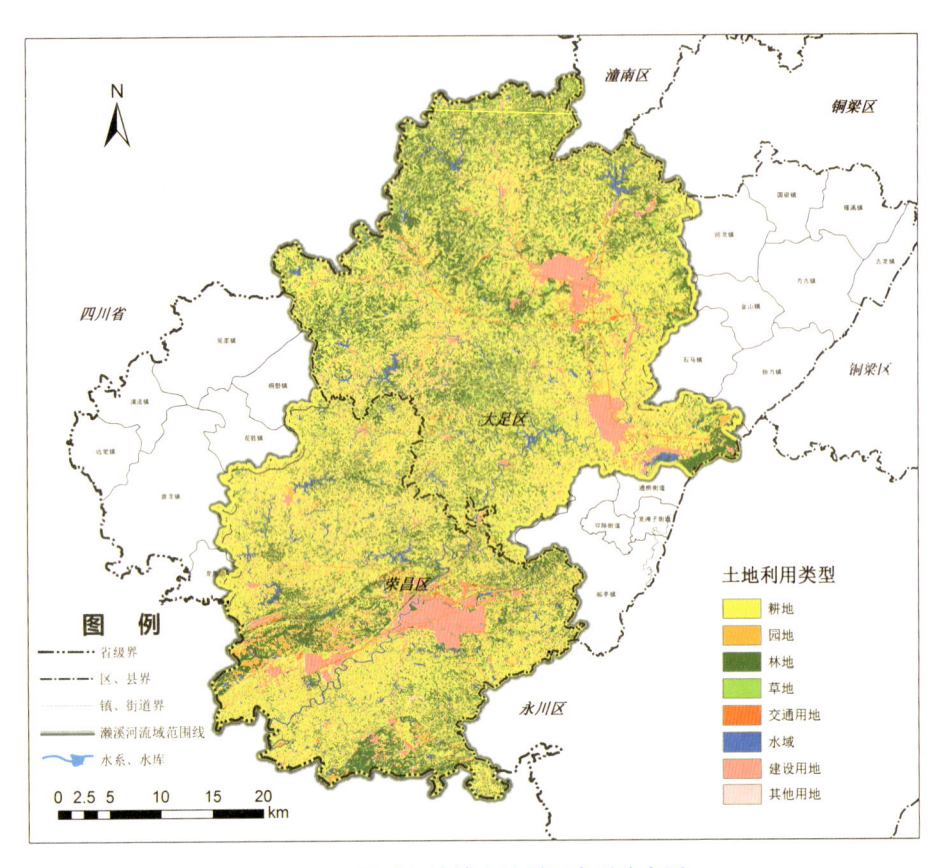

图 5.2-1 濑溪河流域土地利用类型分布图

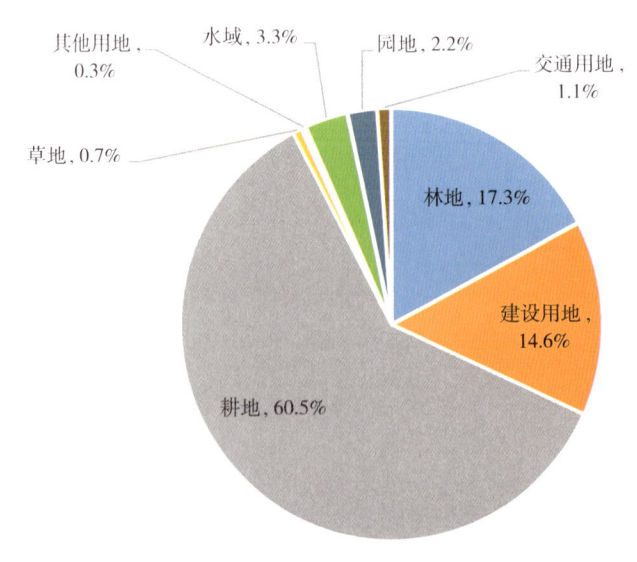

图 5.2-2 濑溪河流域各土地利用类型面积占比统计

5.2.2 沿河生境现状

濑溪河干流重庆段全长137.2 km,大足区段干流长82.1 km,荣昌区段干流长55.1 km。近年来由于受到围垦、堤防建设等人类活动干扰,岸带的自然植被和天然岸线遭到侵占,从现状来看,濑溪河(干流)和峰高河(支流)的人工河道占河流全长的比例达到20%及以上,见表5.2-2。濑溪河(干流)大足城区及荣昌城区段人工河道岸边多为混凝土堤防,大部分人工河道在建设过程中因清淤及填挖,使河底和天然岸边带遭到一定程度的破坏。

表5.2-2 濑溪河干流及主要支流的河道情况

河流	人工河道长度/km	天然河道长度/km	人工河道占河流全长比例/%
濑溪河(干流)	27.4	109.8	20
珠溪河	1.4	21.6	6
窟窿河	4.8	38.2	11
峰高河	9.3	27.7	25

5.2.2.1 干流沿河生境

(1)濑溪河干流大足区段。

濑溪河干流大足区段长82.1 km,河流主要流经天然林地区、农业区及城区。其中,中敖镇上游水库以上河段保留了较好的自然岸线,水库未设置闸坝,通过溢流堰控制水位,河道水量季节性变化较大;上游水库以下河段,河岸植被覆盖率良好,但受人类活动影响,河岸两边多农田,镇区河段人工化较为严重。

龙岗街道至智凤街道河段主要流经农业区及城区,河流两岸存在一定的天然岸线。大足城区段的河流两岸多为建筑用地,河岸建设为人工堤防,丧失天然河道功能,且濑溪河出大足城区段位置有一个翻板式水闸,在枯水期几乎无下泄流量,对河流生境造成较大影响。

龙水镇至珠溪镇段河流两岸植被覆盖率较高。经现场调查,龙水镇段河道人工化程度较重,长度约1.3 km。玉滩水库库区沿岸天然植被覆盖情况良好,库区内及天然岸线处严禁耕种。玉滩水库下游河道两岸植被覆盖率较高,植被较为丰富,两岸土地以草地和林地为主,天然生境状态良好。濑溪河干流大足区段生境现状见图5.2-3。

濑溪河干流中敖镇段　　濑溪河干流大足城区段

濑溪河干流龙水镇至珠溪镇段

图5.2-3　濑溪河干流大足区段生境现状

（2）濑溪河干流荣昌区段。

濑溪河干流荣昌区段河流长度55.1 km。其中，万灵镇至昌州街道段河道受人工影响较大，万灵古镇建设使该段河道为人工河道，长度约8 km。万灵镇下游河段河岸植被覆盖率较高，进入昌州街道后，河流岸线多为混凝土堤防，河道较宽，水位较低，水生植物较少。

广顺街道至清江镇段河岸均保留了自然岸线，几乎无人工建设的堤防，河流两岸植被覆盖率较高。现场调查显示，河岸两侧5 m范围内多为竹林或草地，5—20 m范围内受人类活动影响，多为耕地。濑溪河干流荣昌区段生境现状见图5.2-4。

濑溪河干流万灵镇段　　濑溪河干流清江镇段

图5.2-4　濑溪河干流荣昌区段生境现状

5.2.2.2 部分支流沿河生境

(1)化龙溪。

化龙溪为濑溪河左岸支流,发源于大足区宝顶镇天宝村,流经宝顶镇、龙岗街道,在龙岗街道水峰村汇合于濑溪河,全流域面积为86.2 km²,河长18.0 km,河道平均比降为9.44‰,天然落差170 m,河流两岸天然植被状况良好。化龙溪上游河岸耕地较多,浅水区域水生植物较为丰富,下游河道较宽,水体较浑浊。化龙溪沿河生境现状见图5.2-5。

图5.2-5 化龙溪沿河生境现状

(2)窟窿河。

窟窿河为濑溪河右岸支流,发源于安岳县忠义乡王家沟。其上源称高升河,向南流入大足区境,过万水桥水文站后即称窟窿河。窟窿河东南流至三驱镇,汇入濑溪河玉滩水库。全流域面积341 km²,大足区内流域面积305 km²,区内河长43.0 km,河道平均比降为3.59‰,天然落差90 m。窟窿河流经地区城镇化率较低,建成区面积较小,因此人工河道较少,河岸两侧植被覆盖情况良好,多为竹林及灌木。窟窿河沿河生境现状见图5.2-6。

图 5.2-6　窟窿河沿河生境现状

(3)珠溪河。

珠溪河为濑溪河右岸支流,发源于荣昌区,流经龙石镇,在珠溪镇石庙村汇合于濑溪河,流域面积 103 km²,河流长度 23.0 km。珠溪河荣昌区内流域面积 51.0 km²,区内河流长度 13.8 km,天然落差 81 m,河道平均比降为 5.87‰。珠溪河在珠溪镇内有约 0.3 km 的人工河道,龙石镇内有约 0.6 km 的人工河道,河包镇内有约 1 km 的人工河道,其余河岸植被覆盖情况良好,河道内浅水区域植被生长状况较好。珠溪河沿河生境现状见图 5.2-7。

图 5.2-7　珠溪河沿河生境现状

(4)新峰河。

新峰河为濑溪河右岸支流,是沱江二级支流,又称临江河,发源于重庆市荣昌区仁义镇。新峰河南转东流过葛桥,左纳奇龙沟;又东,右纳万福沟;曲折东过新峰场,左纳凤凰沟;又东至龙湾沱,汇入濑溪河。全流域面积为184 km²,河长31 km,河道平均比降为2.52‰。新峰河河岸多陡坡,两岸植被覆盖情况良好,河面较宽,且水体较清澈。新峰河沿河生境现状见图5.2-8。

图5.2-8 新峰河沿河生境现状

(5)峰高河。

峰高河是濑溪河右岸一级支流,发源于大足区,流经大足、荣昌两区,于荣昌区昌元街道弥陀桥村汇入濑溪河,流域面积73.7 km²,全长37 km,总落差102 m,河道平均比降为2.76‰。峰高河主要流经峰高街道、昌元街道,河道人工化程度较重,其中峰高街道段人工河道长度约1.4 km,昌州街道段人工河道长度约7.9 km,河岸天然生境受到一定程度的影响。峰高河沿河生境现状见图5.2-9。

图5.2-9　峰高河沿河生境现状

(6)白云溪。

白云溪为濑溪河左岸支流,发源于荣昌区,流经双河街道、清升镇,汇入濑溪河。白云溪全长28 km,流域面积109 km²,总落差60 m,河道平均比降为2.14‰。白云溪河岸植被覆盖情况良好,且河岸周边多为竹林、灌木林,河流流速较缓,水面较窄,水体较为浑浊。白云溪沿河生境现状见图5.2-10。

图5.2-10　白云溪沿河生境现状

5.2.3 水土流失现状

濑溪河流域水土流失以水力侵蚀为主,主要侵蚀类型为面蚀和沟蚀。面蚀主要发生在坡耕地、荒山、荒坡及疏幼残林地;沟蚀主要发生在河流两岸的荒山坡及陡坡耕地上。濑溪河流域轻度及以上水土流失面积约占25.7%。其中,轻度侵蚀面积166.54 km²,中度侵蚀面积141.57 km²,强烈侵蚀面积84.72 km²,极强烈侵蚀面积32.08 km²,剧烈侵蚀面积1.63 km²。

濑溪河流域水土流失以轻度侵蚀和中度侵蚀为主,分别占轻度及以上水土流失面积的39.04%和33.19%,主要集中在大足区玉滩水库、窟窿河及濑溪河源头流域。强烈侵蚀区域占轻度及以上水土流失面积的19.86%,强烈侵蚀区域占7.52%,剧烈侵蚀区域占0.38%,如图5.2-11所示。濑溪河上游区域及窟窿河流域地势起伏较大,且受人类活动影响,农田面积较大,易出现水土流失的情况。

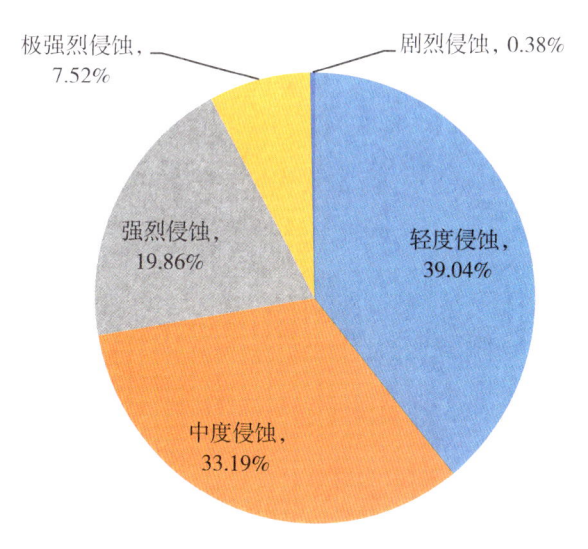

图5.2-11 濑溪河流域水土流失现状统计

5.2.4 自然保护区现状

濑溪河流域范围内涉及自然保护区1个,即重庆市大足区西山杪椤自然保护区;森林公园2个,包括重庆玉龙山国家森林公园、岚峰森林公园;湿地公园1个,即重庆濑溪河国家湿地公园;风景名胜区1个,即重庆大足石刻市级风景名胜区。流域内封山育林地涉及大足区高坪镇、中敖镇、龙岗街道、智凤街道,荣昌区安富街道、荣隆镇、峰高街道、清升镇、仁义镇。濑溪河流域内自然保护区情况见表5.2-3，封山育林地情况见表5.2-4。

表5.2-3 濑溪河流域内自然保护区情况

行政区	镇街	保护区名称	保护区面积/km²
大足区	季家镇	重庆大足石刻市级风景名胜区	15.12
	棠香街道	重庆大足石刻市级风景名胜区	1.19
	龙岗街道	重庆大足石刻市级风景名胜区	1.90
	宝顶镇	重庆大足石刻市级风景名胜区	0.58
	智凤街道	重庆大足石刻市级风景名胜区	0.59
	玉龙镇	重庆玉龙山国家森林公园、重庆市大足区西山桫椤自然保护区	13.82
	龙岗街道	重庆玉龙山国家森林公园	3.31
荣昌区	双河街道	岚峰森林公园	5.37
	昌元街道、昌州街道	重庆濑溪河国家湿地公园	5.96
	龙岗街道	重庆玉龙山国家森林公园	3.31

表5.2-4 濑溪河流域内封山育林地情况

行政区	镇街	面积/km²
荣昌区	安富街道	0.34
	荣隆镇	0.34
	峰高街道	0.34
	清升镇	0.34
	仁义镇	0.67
大足区	智凤街道	0.68
	龙岗街道	1.03
	中敖镇	1.45
	高坪镇	1.40

（1）重庆大足石刻市级风景名胜区。

该风景名胜区总面积为48.9 km²，核心景区（一级保护区）面积为4.90 km²，占风景名胜区总面积的10.02%，主要包括宝顶山石刻核心景区、化龙湖水库核心景区、北山石刻核心景区、南山石刻核心景区、石篆山石刻核心景区、响水滩水库核心景区、九顶山核心景区、石门山石刻核心景区和龙水湖核心景区九个部分。风景资源分级保护区分为一级、二级、三级。其中一级保护区面积4.90 km², 二级保护区面积9.56 km², 三级保护区面积34.44 km²。

大足石刻风景名胜区是以闻名世界的大足石刻世界文化遗产和优美的自然山水为特色景观资源, 集石刻文化感悟、观光游览、度假养生、健身娱乐、社会教育、科学考察功能于一体的综合型市级风景名胜区。

风景名胜区的核心景区大足石刻, 位于重庆市大足区境内, 始建于初唐, 鼎盛于两宋, 是集儒、释、道三教造像于一体的大型石窟造像群, 共有造像144处, 5万余尊, 以宝顶山、北山、南山、石门山、石篆山等5处石窟最具特色, 代表了公元9—13世纪世界石窟艺术的最高水平, 是人类石窟艺术史上的丰碑。1999年12月, 大足石刻在中国石窟序列中继敦煌莫高窟之后被列入《世界遗产名录》。

(2)重庆濑溪河国家湿地公园。

重庆濑溪河国家湿地公园成立于2009年, 位于重庆市荣昌区中东部, 荣昌城区的东北部, 地处濑溪河的中上游, 地理坐标为东经105°35′55″—105°39′26″, 北纬29°27′33″—29°30′05″。

重庆濑溪河国家湿地公园是以濑溪河河流湿地为主线, 以长江流域独具魅力的河岸湿地生态景观和悠久的漕运文化底蕴为特色, 以保护长江流域水环境安全为重点, 集河流湿地生态保护与修复、湿地科研与科普宣传教育、湿地生态体验为一体的湿地公园。湿地公园划分为保护保育区、恢复重建区、科普宣教区、合理利用区和管理服务区5个区。

①保护保育区。保护保育区面积595.6 hm², 占湿地公园总面积的65.13%, 为湿地公园常水位线内的水域。

②恢复重建区。恢复重建区面积247.87 hm², 占湿地公园总面积的27.10%, 为湿地公园常水位线至上部30 m区域(城市段河岸上至绿化带外缘区域), 大致为西起唐家桥, 北至二郎桥, 南到宝城公路儿童公园的区域。

③科普宣教区。科普宣教区面积29.6 hm², 占湿地公园总面积的3.24%, 包括两个区域, 一为湿地公园南部边界(施济桥北侧)至观音桥南侧区域, 二为湿地公园雷家老屋基至万灵古镇段濑溪河南岸区域。

④合理利用区。合理利用区面积38.31 hm², 占湿地公园总面积的4.19%, 包括二郎桥以北, 万灵村、油房院子古桥、赵家院子及其周边区域。

⑤管理服务区。管理服务区面积3.15 hm²,占湿地公园总面积的0.34%,万灵古镇整体即为管理服务区。

该处水量充沛,流域辽阔,是长江流域及重庆地区具有代表性的河流湿地。经过发展与演变,濑溪河流域已呈现出独特的"自然—人工"复合生态系统景观风貌,湿地资源类型丰富,体量较大,湿地景观及生态过程基本保存完整。湿地公园内湿地分为自然湿地、人工湿地两大类湿地,永久性河流湿地、库塘湿地、稻田湿地三种湿地型。

重庆濑溪河国家湿地公园的湿地面积为386.65 hm²,占湿地公园总面积的42.28%。其中,永久性河流湿地面积为128.85 hm²,占湿地面积的33.32%;稻田湿地面积为17.30 hm²,占湿地面积的4.48%;库塘湿地面积为240.50 hm²,占湿地面积的62.20%。

(3)岚峰森林公园。

岚峰森林公园位于重庆市荣昌区南部古佛山林区,林区面积8千余亩,最高点三层岩海拔711.3 m。林区森林植被丰富,树木繁多,有大面积成片的松树林、杉树林、楠木林等乔木林。

(4)重庆玉龙山国家森林公园。

重庆玉龙山国家森林公园,古名为巴岳山,亦称西山,公园内包含重庆市大足区西山桫椤自然保护区及龙水湖风景区。森林公园位于大足区东南部,地理坐标为东经105°28′—106°02′,北纬29°23′—29°52′,距大足城区3 km,距成渝高速仅27 km。公园总面积3 517.39 hm²,于2004年被批准成为国家级森林公园。

重庆玉龙山国家森林公园位于华蓥山支脉巴岳山背斜地带。景区多为红色砂岩、泥岩和灰白色石灰岩。属亚热带湿润性季风气候区,1月平均气温在0 ℃以上,7月平均气温在25 ℃左右,冬夏季风向有明显变化,年降水量一般在1 000 mm以上,降水主要集中在夏季。

公园的森林覆盖率高达91.5%,植被条件较好,天然林为树竹混交或针阔混交林,竹类资源较为丰富,农业植被以水稻为主,旱地多种小麦、油菜、红薯及各类蔬菜。公园内植物种类繁多,有古木参天的原始次生林;有保存完好的三清洞亚热带常绿阔叶林;还有国家级保护植物桫椤、珙桐等,以及茶山、竹海、杜鹃林等。

5.3 流域生态系统压力识别

5.3.1 生态系统动态变化过程及演变趋势

濑溪河流域生态系统可分为水域生态系统和陆域生态系统。其中,水域生态系统主要包括河流生态系统、湖泊生态系统和湿地生态系统;陆域生态系统主要包括森林生态系统、农业生态系统等。

河道水量减少、岸带植被退化、富营养化加剧和生物多样性下降是近年来水域生态系统主要的变化趋势,影响因素可分为自然因素和人类活动因素。一般状况下,自然因素中的干旱与洪水对水域生态系统演变有着至关重要的影响,但由于濑溪河流域处于亚热带湿润气候区,降雨量充沛,流域内除玉滩水库外还建设有数个水库,干旱与洪涝灾害的发生频率均很低,因此人类活动因素是影响其水域生态系统演变的主导因素。

对于陆域生态系统来说,短时间内自然因素对其的影响通常可以忽略不计,人类活动才是影响其演变的重要因素。从改革开放到20世纪末的这段时期,由于大力发展经济,濑溪河流域森林覆盖率大幅度下降,河流天然岸线遭到一定程度的侵蚀,物种多样性下降,近岸水土流失率上升,森林退化严重。近年来,随着可持续发展理念的不断贯彻深入,各级自然保护区和森林公园得到保护,封山育林地逐渐增加,森林覆盖率得到一定程度的提升,树种的单一化和景观破碎度的增加成为目前森林生态系统演变的主要趋势。

5.3.2 流域生态系统主要压力来源诊断

流域生态系统压力源造成的影响主要表现在水质污染、水文改变、生态破坏三个方面。濑溪河流域气候温暖湿润,气象灾害、洪涝灾害以及山体滑坡灾害偶有发生,自然极境构成的压力并不显著,因此,流域生态系统的主要压力源是人类活动对生态系统的干扰。

5.3.2.1 土地利用方式变化

近年来,濑溪河流域居民用地面积和公共设施建设用地面积增长明显,流域沿岸的村庄规模扩大,居民用地面积比例增加,县道小路、公园等公共设施建设用地不断增加,自然生态土地的比重正在逐年下降。人类活动对自然生态系统影响的最显著特征是自然景观受到破坏,表现为自然景观面积减少和景观格局发生改变。人类干扰的根源主要来自经济发展,建设用地面积不断扩大,人工和半人工景观重新布局,导致自然生态系统的演变过程发生变化,生态功能下降。

5.3.2.2 农业发展及不合理的布局

发展种植业和养殖业对流域的生态系统也有不同程度的影响,最显著的影响表现在水体遭受农业面源污染。农业生产过程中因不合理使用而流失的农药、化肥,残留在农田中的农用薄膜和处置不当的畜禽粪便、恶臭气体以及不科学的水产养殖等产生的水体污染物,不仅影响人工生态系统如农田和池塘生态系统的稳定,而且对脆弱的河流湖泊生态系统构成威胁。与此同时,农业生产可能会破坏河流湖泊的岸带和阶地上的植被。在濑溪河流域,往往表现为河岸线区域的种植业发展,例如当地居民喜欢在河边、滩涂种植蔬菜、水果等。因为农业发展,生物多样性丰富的河岸、漫滩和阶地上的植被,多被单一的农业植被取代,这不仅改变了原有地貌,还改变了河流廊道的水文功能,从而易造成水土流失、高地的地表径流和污染物迁移、河岸侵蚀加剧、生物栖息地遭到破坏等生态问题。此外,由于耕作对土壤的扰动,农田径流中泥沙含量很高,加之植被结构的改变和不合理的灌排系统,这些农业活动往往会使土壤盐渍化程度加重,破坏生态系统中非生物成分的平衡。

5.3.2.3 流域污染治理不彻底

流域内的工业、生活等污染源对流域生态系统健康的影响不容忽视。流域内分布有近300家规模不等的各类企业,工业废水排放量达240.1万t,主要集中在大足区龙水镇、智凤街道、中敖镇、棠香街道以及荣昌区昌州街道、荣隆镇、河包镇、双河街道、广顺街道、安富街道等,涉及养殖、金属加工、农副产品加工、烟煤开采、石材加工、商业饮食服务等诸多方面。生产产生的工业废水有一部分排入了濑溪河或玉滩水库周边的小河流水系,这些工业废水往往会影响水体的生态系统,引起氮磷富集,造成水体富营养化。同时,随着经济发展,农村人口向城镇聚集,城镇污水迅速增多,但是基础设施建设没有及时跟上。流域内污水处理厂的现场调查结果显示,流域内部分城市污水处理厂和镇级污水处理厂出现超负荷运行的情况,流域内现有污水处理能力不足,存在溢流现象,且设计的污水处理厂出水标准不能满足现有水环境质量提高的需求,需进一步提标改造。

5.3.2.4 水利工程建设影响

为防止发生洪水灾害,濑溪河沿河两岸建设了大量堤坝,特别是大足城区,全河段两岸基本均为人工混凝土堤坝,岸边自然植被部分或完全被去除,由人工栽种的单一植被替代,且其宽度也不足以维持生境的多样性。同时,在濑溪河河道,分布有多个不同规模的水库、水电站、闸坝等水利设施,这些水利设施的建设可能会改变河流原有的径流模式,对径流产生显著的调节作用,发挥工程效益,实现其根本保障功能,但这也成为了下游河流生态系统生态效应变化的根本诱因。其中,向濑溪河取水和排水的水闸虽对水容量的影响较小,但是会对水利设施影响范围内的湖泊生态系统中的生物造成干扰,进而对流域内各生态系统的稳定性造成影响。例如:造成一些鱼类的产卵能力下降,或影响其健康状况,甚至导致部分鱼类死亡;人工生态系统与自然生态系统的频繁交互使该区域成为外来物种入侵的敏感地带;疏浚不畅造成湖区小面积富营养化,引起藻类生长过盛;等等。

第六章
流域生态健康评估指标体系构建及单指标评估

6.1 流域生态健康评估指标体系

根据2013年环境保护部办公厅颁布的《流域生态健康评估技术指南（试行）》的相关规定，参考濑溪河流域的实际状况，本研究建立了濑溪河流域生态健康评估指标体系，分为评估对象、指标类型和评估指标3个层次，指标共6类16项。其中，水域生态健康评估的指标主要包括生境结构、水生生物和水域生态压力3类，共8项指标；陆域生态健康评估的指标主要包括生态格局、生态功能和陆域生态压力3类，共8项指标。评估指标的权重采用层次分析法确定，指标体系及权重见表6.1-1。

表6.1-1 流域生态健康评估指标体系

评估对象（权重）	指标类型（权重）	评估指标	指标权重
水域 （0.4）	生境结构（0.4）	水质状况指数	0.4
		枯水期径流量占同期年均径流量比例	0.3
		河道连通性	0.3
	水生生物（0.3）	大型底栖动物多样性综合指数	0.4
		鱼类物种多样性综合指数	0.4
		特有性或指示性物种保持率	0.2
	水域生态压力（0.3）	水资源开发利用强度	0.5
		水生生境干扰指数	0.5
陆域 （0.6）	生态格局（0.3）	森林覆盖率	0.2
		景观破碎度	0.2
	生态格局（0.3）	重要生境保持率	0.6

续表

评估对象(权重)	指标类型(权重)	评估指标	指标权重
陆域 （0.6）	生态功能(0.3)	水源涵养功能指数	0.4
		土壤保持功能指数	0.3
		受保护地区面积占陆域总面积比例	0.3
	陆域生态压力 （0.4）	建设用地比例	0.4
		污染负荷排放指数	0.6

6.2 水域生态健康评估

水域生态健康评估指标类型包括生境结构、水生生物及水域生态压力。各评估指标的解释和评估结果如下。

6.2.1 生境结构

6.2.1.1 水质状况指数

（1）指标解释。

水质状况指数为流域Ⅲ类及以上等级水质监测断面数占流域全部监测断面数的比例。湖泊水库型流域需增加富营养化指数评估。

计算方法：水质状况指数=流域Ⅲ类及以上等级水质监测断面数/流域全部监测断面数×100%。

富营养化指数评价参考中国环境监测总站《湖泊(水库)富营养化评价方法及分级技术规定》(总站生字〔2001〕090号)文件。流域水质状况指数分级标准及赋分见表6.2-1。

表6.2-1 流域水质状况指数分级标准及赋分

指标内容	分级标准及赋分				
	优秀	良好	一般	较差	差
	$N \geq 80$	$60 \leq N < 80$	$40 \leq N < 60$	$20 \leq N < 40$	$N < 20$
水质状况指数/%	≥80	60—<80	40—<60	20—<40	<20
富营养化指数	<30	30—50	>50—60	>60—70	>70

注：N为赋分。

(2)评估结果。

2020年濑溪河流域加密监测结果显示,每个控制单元有4—6个干、支流水质监测断面,每个断面共计监测11次。为减少监测数据的偶然性,增加评估结果的代表性,现以每个控制单元2020年Ⅲ类及以上等级水质出现频次占全部监测断面频次的比例来计算水质状况指数,以控制单元内各监测断面的富营养化指数均值为该控制单元富营养化指数结果,以二者分级标准较低的档次进行赋分,评估结果见表6.2-2。濑溪河流域整体水质状况评估分级为较差。6个子流域中,子流域1的评估结果最好,其水质状况优于流域富营养化状况,水质整体状况以评价等级较低的富营养化指数进行赋分,等级为良好;其次为子流域4,水质状况等级为一般;其余子流域的水质状况评估等级均为较差。

表6.2-2　濑溪河流域水质状况指数评估结果

控制单元	水质状况指数/%	富营养化指数	赋分	等级
子流域1	81.8	31.4	78.6	良好
子流域2	29.6	33.5	29.6	较差
子流域3	32.5	37.1	32.5	较差
子流域4	40.0	34.7	40.0	一般
子流域5	32.7	37.6	32.7	较差
子流域6	37.7	41.0	37.7	较差
全流域	38.4	36.5	38.4	较差

6.2.1.2 枯水期径流量占同期年均径流量比例

(1)指标解释。

枯水期径流量占同期年均径流量比例可反映流域(调洪)补枯的功能,衡量河流生态需水量的满足程度。

计算方法:枯水期径流量占同期年均径流量比例=枯水期径流量/同期年均径流量。流域枯水期径流量占同期年均径流量比例分级标准及赋分见表6.2-3。

表6.2-3　流域枯水期径流量占同期年均径流量比例分级标准及赋分

指标内容	分级标准及赋分				
	优秀	良好	一般	较差	差
	$N \geq 80$	$60 \leq N < 80$	$40 \leq N < 60$	$20 \leq N < 40$	$N < 20$
枯水期径流量占同期年均径流量比例	≥1.3	1.1—<1.3	0.9—<1.1	0.7—<0.9	<0.7

(2)评估结果。

濑溪河流域共被划分为6个子流域,每个子流域都包含干流和支流,由于支流的水文信息较难获取,此项指标主要采用干流的水文信息来进行计算。此项评估运用水文比拟法,参考濑溪河流域弥陀水文站的历史数据,拟合得到子流域枯水期径流量。全流域径流量则以流域出水口的河口径流量为准,评估结果见表6.2-4。结果显示,濑溪河流域整体评估等级为一般,子流域5评估等级和流域整体评估等级一致,子流域4的评估等级为优秀。有2个子流域的评估等级为较差,分别是子流域3和子流域6,有2个子流域的评估等级为差,分别是子流域1和子流域2,表明濑溪河流域调洪补枯的功能较差,河流生态需水量的满足度偏低。

表6.2-4 濑溪河流域枯水期径流量占同期年均径流量比例评估结果

控制单元	枯水期径流量/(m^3/s)	同期年均径流量/(m^3/s)	枯水期径流量占同期年均径流量比例	赋分	等级
子流域1	0.374	0.68	0.55	19.0	差
子流域2	0.997	1.51	0.66	19.0	差
子流域3	1.969	2.60	0.76	25.7	较差
子流域4	2.936	1.19	2.47	100.0	优秀
子流域5	4.429	4.86	0.91	41.1	一般
子流域6	4.710	5.37	0.88	39.4	较差
全流域	5.000	5.53	0.90	40.4	一般

6.2.1.3 河道连通性

(1)指标解释。

河道连通性是指自然河道的连通状况。自然河道受人类活动影响,尤其是受水电站、大坝及其他水利工程修建的干扰,河流上下游的纵向连续性中断,其自净能力以及生物洄游通道受到了不利影响。可利用每百公里(千米)河道的闸坝个数评估河道的连通性。

计算方法:河道连通性=闸坝个数/百公里数。流域河道连通性分级标准及赋分见表6.2-5。

表6.2-5　流域河道连通性分级标准及赋分

指标内容		分级标准及赋分				
		优秀	良好	一般	较差	差
		$N \geq 80$	$60 \leq N < 80$	$40 \leq N < 60$	$20 \leq N < 40$	$N < 20$
河道连通性	山区、丘陵区	<3	3—<8	8—<10	10—<20	≥20
	平原区	<1	1—<3	3—<5	5—<10	≥10

（2）评估结果。

濑溪河流域分为6个子流域，利用每个子流域每百公里干流河道的闸坝个数来计算河道连通性，评估结果见表6.2-6。6个子流域中，子流域4的河道连通性较好，每百公里1.8座闸坝，赋分90.0，评估等级为优秀。其余子流域中，子流域2的河道连通性最差，每百公里19.8座闸坝，赋分20.4，评估等级为较差。全流域整体河道连通性赋分68.2，评估等级为良好，但濑溪河河道整体连通状况对河流自净能力以及生物洄游通道仍产生了一定程度的不利影响。

表6.2-6　濑溪河流域河道连通性评估结果

控制单元	干流闸坝数/个	干流河道长度/km	河道连通性	赋分	等级
子流域1	3	25.4	11.8	36.4	较差
子流域2	4	20.2	19.8	20.4	较差
子流域3	2	43.0	4.7	73.4	良好
子流域4	1	54.8	1.8	90.0	优秀
子流域5	2	55.9	3.6	77.7	良好
子流域6	2	36.3	5.5	70.0	良好
全流域	14	235.6	5.9	68.2	良好

6.2.2 水生生物

6.2.2.1 大型底栖动物多样性综合指数

（1）指标解释。

本研究选取反映大型底栖动物多样性的多项指标进行综合评估，来表征大型底栖动物的物种完整性状况。选取的指标包括：(a)大型底栖动物分类单元数；(b)大型底栖动物EPT科级分类单元比；(c)大型底栖动物BMWP指数；(d)大型底栖动物Berger-Parker优势度指数。首先进行指标的标准化，然后计算4项指标的算术平均和。

计算方法：

A. 大型底栖动物分类单元数(S)，即根据鉴定水平，某采样点样品中出现的所有大型底栖动物分类单元数。

B. 大型底栖动物EPT科级分类单元比(EPTr-F)，即某采样点样品中出现的大型底栖动物蜉蝣目(E)、襀翅目(P)和毛翅目(T)三目昆虫科级分类单元数在该样品科级分类单元总数中所占的比例。

C. 大型底栖动物BMWP指数(I_{BMWP})

$$I_{BMWP} = \sum t_i$$

式中，t_i指某采样点样品中大型底栖动物第i物种基于科一级分类单元的敏感值。

D. 大型底栖动物Berger-Parker优势度指数(D)

$$D = N_{max}/N$$

式中，N_{max}为某采样点样品中最优势物种的个体数；N为大型底栖动物鉴定分类水平下的所有个体数。

标准化公式：

A. $S = \dfrac{\text{measured} - 5\%\text{quantile}}{95\%\text{quantile} - 5\%\text{quantile}}$

B. 大型底栖动物EPT科级分类单元比(EPTr-F)标准化公式：

EPT-山地区：

EPTr-F>0.48，EPTr=1.0；

EPTr-F<0.48，$EPTr = 0.0297 e^{7.2601(\frac{EPT}{total})}$；

EPT-丘陵区：

EPTr-F>0.36，EPTr=1.0；

EPTr-F<0.36，$EPTr = 0.0364 e^{9.1382(\frac{EPT}{total})}$；

EPT-平原区：

EPTr-F>0.17，EPTr=1.0；

EPTr-F<0.17，$EPTr = 0.0271 e^{20.635(\frac{EPT}{total})}$；

C. $I_{BMWP} = \dfrac{\text{measured} - \min}{\max - \min}$；

D. $D = \dfrac{95\%\text{quantile} - \text{measured}}{95\%\text{quantile} - 5\%\text{quantile}}$。

其中，measured指任何一项指标在采样点的实际数据检测值；5%quantile指任何一项指标检测数据5%的分位数值；95%quantile指任何一项指标检测数据95%的分位数值；EPTr-F为大型底栖动物蜉蝣目（E）、襀翅目（P）和毛翅目（T）三目昆虫科级分类单元数在该样品科级分类单元总数中所占的比例；EPTr为标准化数值；BMWP指数标准化公式中的最小值为0，最大值在山地区为131，在丘陵平原区为81。流域大型底栖动物多样性综合指数分级标准及赋分见表6.2-7。

表6.2-7 流域大型底栖动物多样性综合指数分级标准及赋分

指标内容	分级标准及赋分				
	优秀	良好	一般	较差	差
	$N \geq 80$	$60 \leq N < 80$	$40 \leq N < 60$	$20 \leq N < 40$	$N < 20$
大型底栖动物多样性综合指数	0.8—1	0.6—<0.8	0.4—<0.6	0.2—<0.4	0—<0.2

（2）评估结果。

濑溪河流域各子流域及25个监测点的大型底栖动物多样性综合指数评估结果见表6.2-8、表6.2-9。各子流域大型底栖动物多样性综合指数没有明显的季节性变化规律，全流域没有较大的变化。评估结果显示，大型底栖动物多样性综合指数的高低排序为子流域6>子流域4>子流域3>子流域5>子流域2>子流域1。全流域大型底栖动物多样性综合指数为0.416，评估等级为一般。

大型底栖动物多样性综合指数最小的监测点L21直升镇（池水河），值为0.009，其次为L11三驱镇（窟窿河），值为0.122，两个监测点水深，流速缓，大型底栖动物的种类较少，以耐污的寡毛动物和摇蚊为主。大型底栖动物多样性综合指数最大的监测点为L13高升镇（高升河），其值为0.772，该监测点位于濑溪河上游支流高升河，属于河流比降大的浅滩生境，大型底栖动物物种丰富度较高。各季节之间监测点位的大型底栖动物多样性综合指数差别不大，没有较明显的规律。

表6.2-8 濑溪河流域各子流域大型底栖动物多样性综合指数评估结果

控制单元	S标准化值	EPTr-F标准化值	BMWP指数标准化值	D标准化值	大型底栖动物多样性综合指数	赋分	等级
子流域1	0.250	0.036	0.300	0.576	0.290	29.0	较差
子流域2	0.250	0.421	0.350	0.400	0.355	33.5	较差

续表

控制单元	S标准化值	EPTr-F标准化值	BMWP指数标准化值	D标准化值	大型底栖动物多样性综合指数	赋分	等级
子流域3	0.429	0.082	0.443	0.630	0.396	39.6	较差
子流域4	0.667	0.069	0.650	0.667	0.513	51.3	一般
子流域5	0.500	0.068	0.567	0.392	0.382	38.2	较差
子流域6	0.688	0.069	0.688	0.783	0.557	55.7	一般
全流域	0.480	0.112	0.514	0.570	0.416	41.6	一般

表6.2-9 濑溪河流域各监测点大型底栖动物多样性综合指数评估结果

监测点编号	大型底栖动物分类单元数(S)	大型底栖动物分类单元数(S)标准化值	EPTr-F	EPTr-F标准化值	BMWP指数	BMWP指数标准化值	Berger-Parker优势度指数(D)	Berger-Parker优势度指数(D)标准化值	大型底栖动物多样性综合指数	等级
L1	3	0.25	0.125	0.036	8	0.20	0.487	0.806	0.323	较差
L2	3	0.25	0.063	0.036	9	0.25	0.651	0.309	0.211	较差
L3	4	0.50	0.313	0.357	15	0.55	0.714	0.118	0.381	较差
L4	4	0.50	0.036	0.036	13	0.45	0.481	0.824	0.453	一般
L5	2	0	0	0.036	10	0.30	0.563	0.576	0.228	较差
L6	5	0.75	0.275	0.036	16	0.60	0.425	0.992	0.595	一般
L7	4	0.50	0.133	0.226	15	0.55	0.524	0.692	0.492	一般
L8	2	0	0.208	1.000	9	0.25	0.688	0.198	0.362	较差
L9	3	0.25	0.125	0.036	9	0.25	0.603	0.455	0.248	较差
L10	5	0.75	0	0.036	15	0.55	0.404	1.057	0.598	一般
L11	3	0.25	0.063	0.036	8	0.20	0.729	0	0.122	差
L12	5	0.75	0	0.036	20	0.80	0.536	1.000	0.647	良好
L13	6	1.00	0.252	0.134	23	0.95	0.422	1.002	0.772	良好
L14	3	0.25	0	0.036	12	0.40	0.624	0.390	0.269	较差
L15	3	0.25	0	0.036	12	0.40	0.639	0.345	0.258	较差
L16	4	0.50	0	0.036	17	0.65	0.670	1.000	0.547	一般
L17	3	0.25	0	0.036	14	0.50	0.759	0	0.197	差
L18	4	0.50	0.208	0.036	12	0.40	0.442	0.942	0.470	一般

续表

监测点编号	大型底栖动物分类单元数(S)	大型底栖动物分类单元数(S)标准化值	EPTr-F	EPTr-F标准化值	BMWP指数	BMWP指数标准化值	Berger-Parker优势度指数(D)	Berger-Parker优势度指数(D)标准化值	大型底栖动物多样性综合指数	等级
L19	4	0.50	0.100	0.226	14	0.50	0.563	0.576	0.451	一般
L20	5	0.75	0.313	0.036	20	0.80	0.487	0.805	0.598	一般
L21	2	0	0	0.036	4	0	0.927	0	0.009	差
L22	3	0.25	0.208	0.036	13	0.45	0.688	0.196	0.233	较差
L23	6	1.00	0.322	0.036	24	1.00	0.466	0.867	0.726	良好
L24	6	1.00	0.212	0.036	23	0.95	0.518	0.712	0.675	良好
L25	6	1.00	0.442	0.167	22	0.90	0.626	0.383	0.613	良好

6.2.2.2 鱼类物种多样性综合指数

(1)指标解释。

本研究选取反映鱼类物种多样性的多项指标进行综合评估,来表征鱼类的物种完整性状况。选取的指标包括:(a)鱼类总分类单元数(S);(b)鱼类香农-威纳多样性指数(H);(c)鱼类Berger-Parker优势度指数(D)。首先进行指标的标准化,然后计算3项指标的算术平均和。

计算方法:

A.鱼类总分类单元数(S),即某采样点中出现的所有鱼类物种数。

B.鱼类香农-威纳多样性指数(H)

$$H = -\sum_{i}^{s}(P_i)\log_2(P_i)$$

式中,H是某群落多样性指数;s是某群落中出现的所有物种数;P_i是采样点中第i种的个体比例。

C.鱼类Berger-Parker优势度指数(D)

$$D = N_{max}/N$$

式中,N_{max}为采样点中优势物种的个体数;N为采样点中全部物种的个体数。

标准化公式:

$$S = \frac{\text{measured} - 5\%\text{quantile}}{95\%\text{quantile} - 5\%\text{quantile}}$$

$$H = \frac{\text{measured} - 0}{3 - 0}$$

$$D = \frac{95\%\text{quantile} - \text{measured}}{95\%\text{quantile} - 5\%\text{quantile}}$$

其中,measured 指任何一项指标在采样点实际数据的检测值;5%quantile 指任何一项指标检测数据 5%的分位数值;95%quantile 指任何一项指标检测数据 95%的分位数值。流域鱼类物种多样性综合指数分级标准及赋分见表 6.2-10。

表 6.2-10 流域鱼类物种多样性综合指数分级标准及赋分

指标内容	分级标准及赋分				
	优秀	良好	一般	较差	差
	$N \geqslant 80$	$60 \leqslant N < 80$	$40 \leqslant N < 60$	$20 \leqslant N < 40$	$N < 20$
鱼类物种多样性综合指数	0.8—1	0.6—<0.8	0.4—<0.6	0.2—<0.4	0—<0.2

(2)评估结果。

濑溪河流域各子流域及 25 个监测点的鱼类物种多样性综合指数评估结果见表 6.2-11、表 6.2-12。结果表明,鱼类物种多样性综合指数的高低排序为子流域 1>子流域 2>子流域 4>子流域 3>子流域 5>子流域 6。全流域鱼类物种多样性综合指数为 0.600,评估等级为良好。濑溪河流域 25 个监测点的鱼类物种多样性综合指数差异较大,这可能与濑溪河水域生境变化较大有关。此次评估,鱼类物种多样性综合指数最小的监测点为 L25 洗布潭河,值为 0.075。鱼类物种多样性综合指数较高的监测点包括 L2、L3、L4、L7、L15、L17 等,这 6 个监测点的评估等级都是优秀。

表 6.2-11 濑溪河流域各子流域鱼类物种多样性综合指数评估结果

控制单元	S 标准化值	H 标准化值	D 标准化值	鱼类物种多样性综合指数	赋分	等级
子流域 1	0.656	0.630	0.737	0.674	67.4	良好
子流域 2	0.625	0.682	0.698	0.668	66.8	良好
子流域 3	0.502	0.671	0.770	0.648	64.8	良好
子流域 4	0.495	0.672	0.795	0.654	65.4	良好
子流域 5	0.375	0.631	0.625	0.544	54.4	一般
子流域 6	0.410	0.500	0.318	0.409	40.9	一般
全流域	0.511	0.631	0.657	0.600	60.0	良好

表6.2-12 澜溪河流域各监测点鱼类物种多样性综合指数评估结果

监测点序号	鱼类总分类单元数(S)	鱼类总分类单元数(S)标准化值	香农-威纳多样性指数(H)	香农-威纳多样性指数(H)标准化值	Berger-Parker优势度指数(D)	Berger-Parker优势度指数(D)标准化值	鱼类物种多样性综合指数	等级
L1	12	0.313	1.553	0.518	0.366	0.642	0.491	一般
L2	20	0.938	2.311	0.770	0.309	0.775	0.827	优秀
L3	20	0.938	2.309	0.770	0.263	0.883	0.863	优秀
L4	17	0.703	2.332	0.777	0.211	1.000	0.827	优秀
L5	7	0	1.646	0.549	0.355	0.667	0.405	一般
L6	18	0.781	2.229	0.743	0.287	0.827	0.784	良好
L7	20	0.938	2.400	0.800	0.260	0.889	0.876	优秀
L8	8	0	1.430	0.477	0.456	0.430	0.302	较差
L9	10	0.156	1.699	0.566	0.314	0.763	0.495	一般
L10	11	0.234	1.927	0.642	0.362	0.651	0.509	一般
L11	12	0.313	1.874	0.625	0.344	0.692	0.543	一般
L12	13	0.391	2.162	0.721	0.210	1.000	0.704	良好
L13	18	0.781	2.010	0.670	0.343	0.694	0.715	良好
L14	17	0.703	1.946	0.649	0.383	0.602	0.651	良好
L15	21	1.000	2.228	0.743	0.285	0.831	0.858	优秀
L16	16	0.625	2.289	0.763	0.329	0.727	0.705	良好
L17	24	1.000	2.338	0.779	0.317	0.756	0.845	优秀
L18	16	0.625	1.955	0.652	0.407	0.545	0.607	良好
L19	12	0.313	2.039	0.680	0.315	0.761	0.584	一般
L20	12	0.313	1.314	0.438	0.673	0	0.250	较差
L21	12	0.313	1.996	0.665	0.223	0.976	0.651	良好
L22	8	0	1.509	0.503	0.500	0.326	0.276	较差
L23	14	0.469	1.983	0.661	0.434	0.480	0.537	一般
L24	10	0.156	1.499	0.500	0.448	0.447	0.368	较差
L25	9	0.078	1.440	0.147	0.917	0	0.075	差

6.2.2.3 特有性或指示性物种保持率

（1）指标解释。

反映河流特有性、指示性物种以及珍稀濒危物种的保护状况。以历史水平数据为基准，进行对比分析。

计算方法：根据水生物调查或问卷统计获取。流域特有性或指示性物种保持率分级标准及赋分见表6.2-13。

表6.2-13　流域特有性或指示性物种保持率分级标准及赋分

指标内容	分级标准及赋分				
	优秀	良好	一般	较差	差
	$N \geq 80$	$60 \leq N < 80$	$40 \leq N < 60$	$20 \leq N < 40$	$N < 20$
特有性或指示性物种保持率	大量增加	稍有增加	无变化	稍有减少	大量减少

（2）评估结果。

查阅历史文献发现，与濑溪河流域特有性或指示性物种保持率相关的资料较少，查到的资料中有以《重庆荣昌濑溪河国家湿地公园总体规划（修编）(2016-2025)》为参考资料形成的2015年重庆荣昌濑溪河国家湿地公园的鱼类资源调查结果以及薛正楷2001年的硕士论文《濑溪河黑尾近红鲌生物学的初步研究》。这些资料表明，重庆荣昌濑溪河国家湿地公园中鱼类有33种，隶属4目13科28属。其中，鲤科鱼类有23种，约占该区域鱼类总种数的69.7%；鮠科次之，有2种，约占6.1%；鳅科、胡鲶科、鳡科、合鳃鱼科、鮨科、鰕鯱虎鱼科、斗鱼科、鳢科均1种。资料还表明，濑溪河有高体近红鲌、鲈鲤、四川白甲鱼等8种中国特有种。由于历史资料为荣昌濑溪河国家湿地公园区域，其只是濑溪河流域内的一个区域，综合考虑流域范围和现有种类，此次各子流域均以此数据的2倍作为参考基准，即参考特有种数量为16，全流域则取平均值。因此，用2022年数据与之相比，得到濑溪河各子流域特有性或指示性物种保持率评估等级为一般，评估结果见表6.2-14。

表6.2-14　濑溪河流域特有性或指示性物种保持率评估结果

控制单元	特有性或指示性物种保持率	特有性或指示性物种增减情况	赋分	等级
子流域1	43.75%	无变化	43.8	一般
子流域2	56.25%	无变化	56.3	一般
子流域3	56.25%	无变化	56.3	一般

续表

控制单元	特有性或指示性物种保持率	特有性或指示性物种增减情况	赋分	等级
子流域4	50.00%	无变化	50.0	一般
子流域5	50.00%	无变化	50.0	一般
子流域6	43.75%	无变化	43.8	一般
全流域	50.00%	无变化	50.0	一般

6.2.3 水域生态压力

6.2.3.1 水资源开发利用强度

（1）指标解释。

反映流域水资源的开发利用程度，根据区域工业、农业、生活、环境等用水量占评估区域的水资源总量的比值进行评估。根据国际惯例，通常认为一条河流的开发利用水量不能超过其水资源量的40%。由于我国水资源分布极不均衡，水资源开发利用率地区差异显著，可根据当地水资源特征对分级标准进行适当调整。

计算方法：水资源开发利用强度=(区域工业、农业、生活、环境等用水量)/区域水资源总量×100%。

区域水资源总量指区域在一定时段内地表水资源与地下水资源补给的有效数量总和，即要扣除河川径流与地下水重复计算部分。流域水资源开发利用强度分级标准及赋分见表6.2-15。

表6.2-15 流域水资源开发利用强度分级标准及赋分

指标内容	分级标准及赋分					
	优秀	良好	一般	较差	差
	$N \geqslant 80$	$60 \leqslant N < 80$	$40 \leqslant N < 60$	$20 \leqslant N < 40$	$N < 20$
水资源开发利用强度/%	<20	20—<35	35—<45	45—<60	≥60

（2）评估结果。

根据2020年度大足区和荣昌区统计年鉴的人口、经济数据，2020年度重庆市水资源公报以及收集到的土地利用等矢量数据信息，此次评估计算了濑溪河流域工业、农业、生活、环境等用水量和流域水资源总量，对濑溪河流域水资源开发利用强度进行了评估，评估结果见表6.2-16。

表6.2-16 濑溪河流域水资源开发利用强度评估结果

控制单元	流域工业、农业、生活、环境等用水量/亿 m³	流域水资源总量/亿 m³	水资源开发利用强度/%	赋分	等级
子流域1	0.19	1.13	16.81	90.0	优秀
子流域2	0.47	1.62	29.01	68.4	良好
子流域3	0.48	2.32	20.69	78.8	良好
子流域4	0.36	2.12	16.98	90.0	优秀
子流域5	0.83	3.04	27.30	70.3	良好
子流域6	0.28	1.60	17.50	90.0	优秀
全流域	2.61	11.83	22.06	77.3	良好

6.2.3.2 水生生境干扰指数

(1)指标解释。

反映水域生境遭到人为挖砂、航运、旅游等活动破坏的状况。当水域生态系统有外来物种入侵现象时,需增加外来物种入侵率指标。

计算方法:

$$水生生境干扰指数 = \sum_{i=1}^{n} H_i \omega_i$$

式中,H_i 表示第 i 项指标的健康分值,ω_i 表示第 i 项指标权重。

评估流域的河流时,水生生境干扰指数分级标准及赋分见表6.2-17;评估湖泊和水库型流域时,应考虑网箱养殖,水生生境干扰指数分级标准及赋分见表6.2-18。

表6.2-17 流域水生生境干扰指数分级标准及赋分(河流)

指标内容(权重)	指标(权重)	分级标准及赋分				
		优秀	良好	一般	较差	差
		$N \geq 80$	$60 \leq N < 80$	$40 \leq N < 60$	$20 \leq N < 40$	$N < 20$
水生生境干扰指数(0.8)	挖砂(0.5)	无	极少	部分区域可见	常见	严重
	航运交通及涉水旅游(0.5)	无	极少	部分区域可见	常见	严重
外来物种入侵率(0.2)	外来物种种类和数量(1)	大量减少	稍有减少	无变化	稍有增加	大量增加

表6.2-18　流域水生生境干扰指数分级标准及赋分（湖泊、水库）

指标内容	指标(权重)	分级标准及赋分					
		优秀	良好	一般	较差	差
		$N≥80$	$60≤N<80$	$40≤N<60$	$20≤N<40$	$N<20$
水生生境干扰指数	挖砂(0.2)	无	极少	部分区域可见	常见	严重
	航运交通及涉水旅游(0.2)	无	极少	部分区域可见	常见	严重
	网箱养殖(0.6)	无	极少	部分区域可见	常见	严重

（2）评估结果。

根据濑溪河水域生态敏感区现状调查及人类活动、外来物种入侵情况调查结果来评估流域水生生境干扰指数，评估结果见表6.2-19。6个子流域水生生境干扰情况的评估等级均为良好，其中子流域3、子流域4、子流域5存在极少挖砂现象，子流域1和6存在极少航运交通及涉水旅游现象，6个子流域均存在稍有增加的外来物种入侵情况。

表6.2-19　濑溪河流域水生生境干扰指数评估结果

控制单元	挖砂	航运交通及涉水旅游	网箱养殖	外来物种入侵	赋分	等级
子流域1	无	极少	无	稍有增加	70.0	良好
子流域2	无	无	无	稍有增加	78.0	良好
子流域3	极少	无	无	稍有增加	70.0	良好
子流域4	极少	无	无	稍有增加	70.0	良好
子流域5	极少	无	无	稍有增加	70.0	良好
子流域6	无	极少	无	稍有增加	70.0	良好
全流域	极少	极少	无	稍有增加	71.3	良好

6.3　陆域生态健康评估

陆域生态健康评估指标类型包括生态格局、生态功能及陆域生态压力。各评估指标的解释和评估结果如下。

6.3.1 生态格局

6.3.1.1 森林覆盖率

(1)指标解释。

森林覆盖率是指单位面积内森林的垂直投影面积所占的百分比。森林覆盖率是衡量地表植被群落及生态系统的重要参数,森林覆盖率越高,生态系统的物理结构稳定性越好,有利于流域的生态系统保护。荒漠、高寒区或草原区以林草覆盖率替代森林覆盖率。

计算方法:森林覆盖率=森林面积(荒漠、高寒区或草原区以林草面积替代)/陆域面积×100%。流域森林覆盖率分级标准及赋分见表6.3-1。

表6.3-1 流域森林覆盖率分级标准及赋分

指标内容		分级标准及赋分				
		优秀	良好	一般	较差	差
		$N \geqslant 80$	$60 \leqslant N < 80$	$40 \leqslant N < 60$	$20 \leqslant N < 40$	$N < 20$
森林覆盖率/%	山区	≥75	65—<75	55—<65	45—<55	<45
	丘陵区	≥45	35—<45	25—<35	15—<25	<15
	平原区	≥18	15—<18	12—<15	8—<12	<8
	荒漠、高寒区或草原区	≥90	85—<90	80—<85	75—<80	<75

(2)评估结果。

通过卫星遥感解译,得到濑溪河流域森林覆盖率评估结果,如表6.3-2所示。结果显示,全流域的森林覆盖率评估等级为较差,仅有子流域1的评估等级为一般,子流域3和子流域5为玉滩水库、荣昌城区所在位置,其森林覆盖率评估等级为差。

表6.3-2 濑溪河流域森林覆盖率评估结果

控制单元	森林覆盖率/%	赋分	等级
子流域1	26.0	45.2	一般
子流域2	19.2	30.6	较差
子流域3	13.0	18.5	差
子流域4	22.1	31.2	较差
子流域5	14.2	19.1	差
子流域6	19.1	30.6	较差
全流域	17.9	29.6	较差

6.3.1.2 景观破碎度

(1)指标解释。

景观破碎度反映陆域自然生态系统的完整性状况和景观格局条件,是生态系统稳定性的一方面,其分级标准及赋分见表6.3-3。

计算方法:

$$C_i = N_i/A_i$$

式中,C_i为景观破碎度,N_i为森林、草地等自然植被斑块数,A_i为陆域总面积。

表6.3-3 流域景观破碎度分级标准及赋分

指标内容	分级标准及赋分				
	优秀	良好	一般	较差	差
	$N \geq 80$	$60 \leq N < 80$	$40 \leq N < 60$	$20 \leq N < 40$	$N < 20$
景观破碎度	<0.2	0.2—<0.4	0.4—<0.6	0.6—<0.8	≥0.8

(2)评估结果。

自然植被斑块和陆域总面积数据来源于卫星遥感数据解译,通过斑块统计和数据计算,得到濑溪河流域景观破碎度评估结果,见表6.3-4。濑溪河全流域及各子流域的景观破碎度评估等级均为优秀。

表6.3-4 濑溪河流域景观破碎度评估结果

控制单元	斑块数/个	陆域总面积/km²	景观破碎度/(个/km²)	赋分	等级
子流域1	2 207	15 398.17	0.14	84.3	优秀
子流域2	2 739	22 176.61	0.12	82.4	优秀
子流域3	4 492	31 313.52	0.14	84.3	优秀
子流域4	4 000	28 662.89	0.14	84.0	优秀
子流域5	6 299	41 075.37	0.15	85.3	优秀
子流域6	2 891	21 848.54	0.13	83.2	优秀
全流域	22 628	160 475.09	0.14	84.1	优秀

6.3.1.3 重要生境保持率

(1)指标解释。

重要生境指河流湖库的岸带,具有维持生物多样性、净化水体、稳定河岸、调节微气候和美化环境等重要生态功能。近年来,由于遭到围垦、建设用地侵占等人类活动干扰,岸带的自然植被和湿地大面积减少,生态功能退化,严重影响流域的生态健康。因此,本评估选择重要生境保持率反映流域岸带的生态健康状况。

重要生境范围的确定:以平水期河流水位为起始边界,丘陵山区两侧各向外延伸20 m、平原区两侧各向外延伸100 m作为评估范围;具体流域可根据河流宽度和流经地形,适当调整评估边界,原则上不超出以上范围的上下限。

计算方法:

重要生境保持率=自然植被结构完整性指数×0.7+自然堤岸比例分值×0.3;

自然植被结构完整性指数=(生态系统类型分值×该类型面积)/重要生境评估总面积×100%;

自然堤岸比例=自然堤岸河段长度/评估河段总长度×100%。

流域生态系统类型分值参见表6.3-5,流域重要生境保持率分级标准及赋分见表6.3-6。

表6.3-5 流域生态系统类型分值参考

自然植被、湿地	人工植被	农田	建设用地
1.0	0.6	0.3	0.1

表6.3-6 流域重要生境保持率分级标准及赋分

指标内容(权重)	分级标准及赋分					
	优秀	良好	一般	较差	差
	$N \geq 80$	$60 \leq N < 80$	$40 \leq N < 60$	$20 \leq N < 40$	$N < 20$
自然堤岸比例/%(0.3)	90—100	80—<90	70—<80	50—<70	0—<50
自然植被结构完整性指数/%(0.7)	80—100	60—<80	40—<60	20—<40	0—<20

(2)评估结果。

根据卫星遥感解译和调查统计,濑溪河流域重要生境保持率评估结果如表6.3-7所示。结果显示,濑溪河全流域的重要生境保持率评估等级为一般。仅子流域6的自然植被结构完整性指数及自然堤岸比例较高,重要生境保持率评估等级为良好。

表6.3-7　濑溪河流域重要生境保持率评估结果

控制单元	自然植被结构完整性指数/%	自然堤岸比例/%	自然植被结构完整性指数赋分	自然堤岸比例赋分	重要生境保持率赋分	等级
子流域1	43.5	91.7	43.5	83.5	55.5	一般
子流域2	31.3	48.0	31.3	19.0	27.6	较差
子流域3	44.6	95.1	44.6	90.1	58.3	一般
子流域4	31.7	88.8	31.7	77.7	45.5	一般
子流域5	41.8	61.1	41.8	31.1	38.6	较差
子流域6	70.3	99.2	70.3	100.0	79.2	良好
全流域	41.7	82.2	41.7	64.5	48.5	一般

6.3.2 生态功能

6.3.2.1 水源涵养功能指数

(1)指标解释。

水源涵养功能是生态系统多个水文过程及水文效应的综合表现,反映了生态系统拦蓄降水或调节河川径流量的能力,水源涵养功能的强弱是流域生态健康程度的重要表现之一。水源涵养功能保持较好,流域生态健康程度就高,反之则低。

计算方法:

$$水源涵养功能指数 = \sum_{i=1}^{n} H_i \omega_i$$

式中,H_i表示第i项指标的健康分值,ω_i表示第i项指标的权重,其中i为3时,指标分级、权重及赋分见表6.3-8。

植被覆盖度:陆域植被覆盖度越高,其初级生产力越高,生态系统的物理结构稳定性越好,有利于流域的生态系统保护。

通常用归一化植被指数(I_{NDVI})来计算植被覆盖度。

根据像元二分模型理论,植被覆盖度计算模型为

$$F_c = \frac{I_{NDVI} - I_{NDVI\,soil}}{I_{NDVI\,veg} - I_{NDVI\,soil}}$$

式中,F_c是植被覆盖度,$I_{NDVI\,veg}$是纯植被像元的NDVI值,$I_{NDVI\,soil}$是完全无植被覆盖像元的NDVI值。

表6.3-8 流域水源涵养功能指数分级标准及赋分

指标内容(权重)	分级标准及赋分				
	优秀	良好	一般	较差	差
	N≥80	60≤N<80	40≤N<60	20≤N<40	N<20
植被覆盖率/%(0.4)	80—100	60—<80	40—<60	20—<40	0—<20
植被类型(0.4)	湿地	森林、灌木	草地	耕地	其他
不透水面面积占比/%(0.2)	0—<3	3—<5	5—<10	10—<20	≥20

备注：不透水面即水不能通过其下渗到地表以下的人工地貌物质
数据来源：遥感解译、环保部门统计数据。

（2）评估结果。

通过卫星遥感解译和对环保部门统计数据的收集整理，濑溪河流域水源涵养功能指数评估结果如表6.3-9所示。结果显示，濑溪河全流域水源涵养功能指数的评估等级为一般，子流域3和子流域5水源涵养功能不足，评估等级为较差。

表6.3-9 濑溪河流域水源涵养功能指数评估结果

控制单元	植被覆盖率/%	不透水面面积占比/%	赋分	等级
子流域1	67.8	9.9	50.3	一般
子流域2	70.8	17.6	46.5	一般
子流域3	55.5	16.9	39.8	较差
子流域4	71.6	11.7	50.4	一般
子流域5	50.3	20.5	36.2	较差
子流域6	65.7	15.9	46.1	一般
全流域	61.7	16.2	43.5	一般

6.3.2.2 土壤保持功能指数

（1）指标解释。

土壤侵蚀是植被、土壤、地形、土地利用以及气候等因素共同作用的结果。土壤侵蚀导致水土流失加剧，土壤退化，农业生产受损，加剧洪涝灾害的发生，从而威胁流域的生态健康。本次评估利用通用水土流失方程（USLE）进行土壤侵蚀模拟预测，计算中度及以上程度土壤侵蚀的面积比例。

计算方法：土壤保持功能指数=中度及以上程度土壤侵蚀面积/陆域面积×100%。流域土壤保持功能指数分级标准及赋分见表6.3-10。

表6.3-10 流域土壤保持功能指数分级标准及赋分

指标内容	分级标准及赋分				
	优秀	良好	一般	较差	差
	$N\geq80$	$60\leq N<80$	$40\leq N<60$	$20\leq N<40$	$N<20$
土壤保持功能指数/%	<10	10—<20	20—<30	30—<40	≥40

（2）评估结果。

本次评估的数据来源于遥感调查与地理信息系统（GIS）分析、水保监测和相关统计资料。其中，水土流失数据来源于荣昌区水土保持规划（2018—2030年）及大足区水土保持规划（2019—2030年）。濑溪河流域土壤保持功能指数评估结果如表6.3-11所示。结果显示，濑溪河全流域土壤保持功能指数评估等级为良好，子流域1、子流域2、子流域4土壤保持能力相对较差，评估等级为一般，其余子流域土壤保持功能较好，评估等级为良好。

表6.3-11 濑溪河流域土壤保持功能指数评估结果

控制单元	土壤保持功能指数/%	赋分	等级
子流域1	24.5	51.0	一般
子流域2	21.6	56.9	一般
子流域3	12.1	75.8	良好
子流域4	23.6	52.8	一般
子流域5	11.4	77.2	良好
子流域6	10.1	79.8	良好
全流域	16.2	67.6	良好

6.3.2.3 受保护地区面积占陆域总面积比例

（1）指标解释。

受保护地区包括各类（级）自然保护区、风景名胜区、森林公园、地质公园、生态功能保护区、水源保护区、封山育林地等，可用受保护地区面积与研究区内陆域总面积的比值来表示流域的受保护程度，它是流域生态系统功能健康评估的重要内容之一。

计算方法：

$$S = \sum_{i=1}^{n} A_n/S_{TA} \times 100\%$$

式中，S 为受保护地区面积占陆域总面积的比例，A_n 为受保护地区面积，S_{TA} 为研究区内陆域总面积。

流域受保护地区面积占陆域总面积比例分级标准及赋分见表6.3-12。

表6.3-12　流域受保护地区面积占陆域总面积比例分级标准及赋分

指标内容		分级标准及赋分				
		优秀	良好	一般	较差	差
		$N \geq 80$	$60 \leq N < 80$	$40 \leq N < 60$	$20 \leq N < 40$	$N < 20$
受保护地区面积占陆域总面积比例/%	平原流域	≥20	15—<20	10—<15	5—<10	<5
	山区及丘陵区	≥25	20—<25	15—<20	10—<15	<10

（2）评估结果。

本次评估的数据来源于统计、环保、林业、国土资源、农业等部门。濑溪河流域受保护地区面积占陆域总面积比例评估结果，如表6.3-13所示。结果显示，濑溪河全流域及各子流域受保护地区面积占陆域总面积比例的评估等级均为差。

表6.3-13　濑溪河流域受保护地区面积占陆域总面积比例评估结果

控制单元	受保护地区面积占陆域总面积比例/%	赋分	等级
子流域1	3.9	10.6	差
子流域2	8.6	19.0	差
子流域3	5.6	12.5	差
子流域4	7.6	13.6	差
子流域5	2.4	10.3	差
子流域6	2.0	10.1	差
全流域	4.9	11.6	差

6.3.3 陆域生态压力

6.3.3.1 建设用地比例

(1)指标解释。

建设用地是受人类直接影响和长期作用使自然面貌发生明显变化的人为景观,会对陆域以及流域的自然生态系统物质循环和能量流动产生较大阻碍。建设用地比例可反映陆域的人为景观空间组成及格局状况。

计算方法:建设用地比例=建设用地面积/陆域总面积×100%。流域建设用地比例分级标准及赋分见表6.3-14。

表6.3-14 流域建设用地比例分级标准及赋分

指标内容	分级标准及赋分				
	优秀	良好	一般	较差	差
	$N \geqslant 80$	$60 \leqslant N < 80$	$40 \leqslant N < 60$	$20 \leqslant N < 40$	$N < 20$
建设用地比例/%	<10	10—<20	20—<30	30—<40	≥40

(2)评估结果。

本次评估的数据来源于卫星遥感解译与统计调查。濑溪河流域建设用地比例评估结果如表6.3-15所示。结果显示,濑溪河全流域建设用地比例评估等级为良好,子流域1建设用地比例最低,仅为9.6%,评估等级为优秀。

表6.3-15 濑溪河流域建设用地比例评估结果

控制单元	建设用地比例/%	赋分	等级
子流域1	9.6	80.9	优秀
子流域2	15.4	69.3	良好
子流域3	16.1	67.8	良好
子流域4	10.9	78.3	良好
子流域5	19.1	61.9	良好
子流域6	15.2	69.7	良好
全流域	15.1	69.9	良好

6.3.3.2 污染负荷排放指数

(1)指标解释。

流域内人类活动所排放的污染物是影响其生态系统健康的重要因素之一。为了提高流域水环境质量,"十一五"以来我国开展了水污染物总量减排工作。为能够更好地与该项工作进行衔接,本次评估以各地市(区、县)目标排放量(2012年)作为满足河流生态健康需求的阶段性总量控制目标,基于化学需氧量(COD)和氨氮(NH_3-N)的排放量进行计算。

计算方法:污染负荷排放指数=0.5×化学需氧量排放量/化学需氧量目标排放量+0.5×氨氮排放量/氨氮目标排放量

其中,化学需氧量排放量为生活污染物、工业污染物和农业污染物的化学需氧量排放量之和,单位为t/a;氨氮排放量为生活污染物、工业污染物和农业污染物的氨氮排放量之和,单位为t/a;化学需氧量目标排放量为生活污染物、工业污染物和农业污染物的化学需氧量目标排放量之和,单位为t/a;氨氮目标排放量为生活污染物、工业污染物和农业污染物的氨氮目标排放量之和,单位为t/a。

流域污染负荷排放指数分级标准及赋分见表6.3-16。

表6.3-16 流域污染负荷排放指数分级标准及赋分

指标内容	分级标准及赋分				
	优秀	良好	一般	较差	差
	$N \geq 80$	$60 \leq N < 80$	$40 \leq N < 60$	$20 \leq N < 40$	$N < 20$
污染负荷排放指数	<0.5	0.5—<0.9	0.9—<1.1	1.1—<1.5	≥1.5

(2)评估结果。

本次评估的数据来源于污染源普查和目标排放量分解。濑溪河流域污染负荷排放指数评估结果见表6.3-17。结果显示,濑溪河全流域污染负荷排放指数评估等级为良好,子流域2、子流域3、子流域5的污染负荷排放指数评估等级为一般。

表6.3-17 濑溪河流域污染负荷排放指数评估结果

控制单元	污染负荷排放指数	赋分	等级
子流域1	0.6	74.0	良好
子流域2	0.9	57.7	一般

续表

控制单元	污染负荷排放指数	赋分	等级
子流域3	0.9	59.5	一般
子流域4	0.7	71.8	良好
子流域5	1.0	49.8	一般
子流域6	0.9	62.1	良好
全流域	0.9	62.5	良好

第七章
流域生态健康综合评估

7.1 流域生态健康综合评估方法

本研究采用综合指数法进行流域生态健康综合评估,通过水域和陆域健康指数加权求和,构建生态健康综合评估指数(WHI),以该指数表示各控制单元和流域整体的健康状况。

综合评估指数I_{WHI}的计算公式如下:

$$I_{WHI} = I_W W_W + I_L W_L$$

其中,I_W为水域健康指数值;W_W为水域健康指数权重;I_L为陆域健康指数值;W_L为陆域健康指数权重。I_W和I_L分别由各自的二级指标得分加权得到。

水域健康指数值:

$$I_W = \sum_{i=1}^{n} W_i \times X_i$$

陆域健康指数值:

$$I_L = \sum_{i=1}^{n} W_i \times X_i$$

其中,W_i为水域或陆域的二级指标i的权重,X_i为该二级指标的得分。

当开展消落带生态健康评估时,需增加消落带健康指数,计算方法与水域、陆域健康指数相似,通过指标加权求和得到。

根据生态健康综合评估指数分值大小,将流域生态健康等级分为5级,分别为优秀、良好、一般、较差和差,具体指数分值和健康状况分级见表7.1-1。

表7.1-1 濑溪河流域生态健康状况分级

健康状况等级				
优秀	良好	一般	较差	差
$I_{WHI} \geq 80$	$60 \leq I_{WHI} < 80$	$40 \leq I_{WHI} < 60$	$20 \leq I_{WHI} < 40$	$I_{WHI} < 20$

濑溪河流域生态健康综合评估将从水域和陆域两方面,分别描述流域的生态健康状况。

7.2 水域生态健康评估结果

濑溪河流域水域生态健康评估主要包括生境结构、水生生物和水域生态压力3大类(8项)指标,根据流域生态健康评估指标体系及权重分配计算得到3个大类的得分,濑溪河流域水域生态健康评估结果见表7.2-1。从整体来看,濑溪河全流域生境结构得分47.9,水生生物得分50.6,水域生态压力得分74.3,综合得分56.7,综合评估等级为一般。各子流域中,子流域1、子流域4、子流域6综合得分高于全流域综合得分,分别是57.4、70.2、57.4;子流域2、子流域3、子流域5综合得分低于全流域综合得分,分别是46.8、55.3、54.7。从各指标来看,水域生态压力在各子流域中均是得分最高的指标,其中子流域1、子流域4、子流域6得分最高,为80.0,子流域5最低,为70.2;生境结构指标中,子流域4得分最高,为52.8,子流域2得分最低,为23.6;水生生物指标中,子流域4得分最高,为56.7,子流域5得分最低,为47.0。

表7.2-1　濑溪河流域水域生态健康评估结果

控制单元	生境结构得分	水生生物得分	水域生态压力得分	综合得分	综合评估等级
子流域1	48.1	47.3	80.0	57.4	一般
子流域2	23.6	51.4	73.2	46.8	一般
子流域3	42.7	53.0	74.4	55.3	一般
子流域4	52.8	56.7	80.0	70.2	良好
子流域5	48.7	47.0	70.2	54.7	一般
子流域6	47.9	47.4	80.0	57.4	一般
全流域	47.9	50.6	74.3	56.7	一般

7.3 陆域生态健康评估结果

濑溪河流域陆域生态健康评估主要包括生态格局、生态功能和陆域生态压力3大类(8项)指标,根据流域生态健康评估指标体系及权重分配计算得到3大类的得分,濑溪河流域陆域生态健康评估结果见表7.3-1。从整体来看,濑溪河全流域生态格局得分 51.9,生态功能得分 41.2,陆域生态压力得分 65.4,综合得分 54.1,综合评估等级为一般。6 个子流域的综合评估等级均在一般及以上,其中子流域 1、6 的综合评估等级为良好。从 3 大类指标的得分结果来看,陆域生态压力得分相对较高,分值在 54.6—76.7 之间;生态功能得分最低,分值在 38.6—45.4 之间;生态格局得分相对偏低,分值在 39.2—70.3 之间。这说明濑溪河流域陆域生态健康问题主要为水源涵养功能受限、土壤保持功能退化及受保护地区面积不足等。

表 7.3-1　濑溪河流域陆域生态健康评估结果

控制单元	生态格局得分	生态功能得分	陆域生态压力得分	综合得分	综合评估等级
子流域 1	59.2	38.6	76.7	60.0	良好
子流域 2	39.2	41.6	62.3	49.1	一般
子流域 3	55.5	42.4	62.8	54.5	一般
子流域 4	50.3	40.1	74.4	56.9	一般
子流域 5	44.0	40.6	54.6	47.3	一般
子流域 6	70.3	45.4	65.1	60.8	良好
全流域	51.9	41.2	65.4	54.1	一般

7.4　流域生态健康综合评估结果

7.4.1 各子流域综合评估结果

濑溪河流域 6 个子流域综合得分在 48.2—62.2 之间,生态健康综合评估等级均为一般,具体情况见表 7.4-1 和图 7.4-1。各子流域中,子流域 4 得分最高,为 62.2,子流域 2 得分最低,为 48.2。濑溪河流域涉及大足和荣昌 2 个行政区,流域范围较大,不同子流域的生态问题不尽相同,本研究将对各个子流域的生态问题逐一进行分析和诊断。

表 7.4-1　濑溪河流域各子流域生态健康综合评估结果

控制单元	水域生态健康综合评估得分	陆域生态健康综合评估得分	综合得分	综合评估等级
子流域 1	57.4	60.0	59.0	一般
子流域 2	46.8	49.1	48.2	一般

续表

控制单元	水域生态健康综合评估得分	陆域生态健康综合评估得分	综合得分	综合评估等级
子流域3	55.3	54.5	54.8	一般
子流域4	70.2	56.9	62.2	一般
子流域5	54.7	47.3	50.2	一般
子流域6	57.4	60.8	59.7	一般
全流域	56.7	54.1	55.1	一般

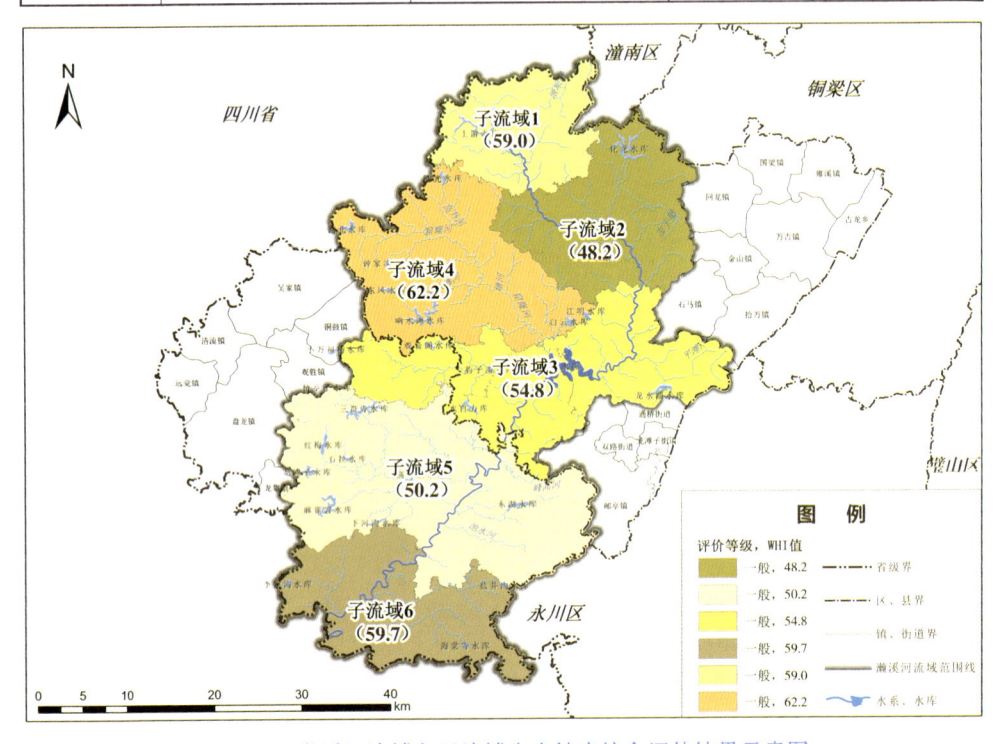

图7.4-1 濑溪河流域各子流域生态健康综合评估结果示意图

7.4.1.1 子流域1（濑溪河源头）

子流域1位于濑溪河流域的最上游，其生态健康综合得分为59.0，综合评估等级为一般。其水域和陆域生态健康评估结果雷达图见图7.4-2。

图7.4-2　子流域1水域和陆域生态健康评估结果雷达图

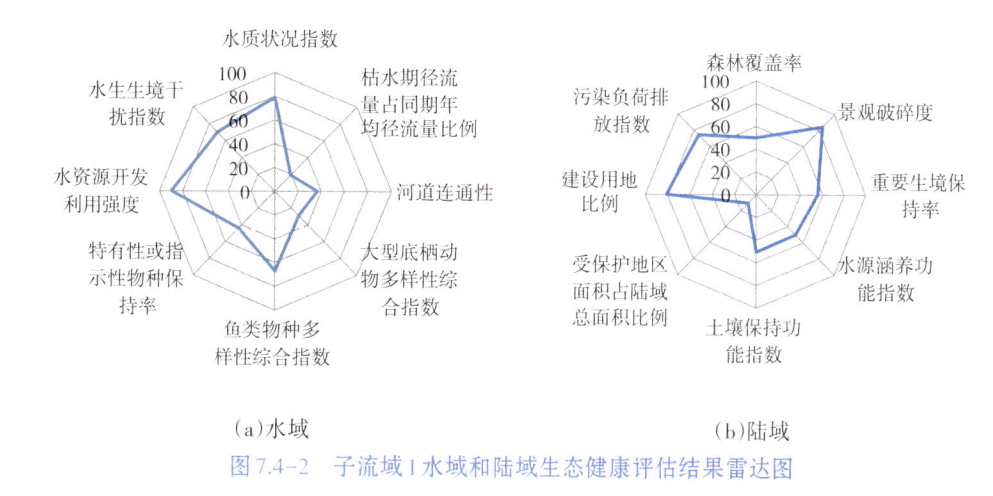

　　子流域1水域生态健康评估综合得分为57.4，综合评估等级为一般，陆域生态健康评估综合得分为60.0，综合评估等级为良好。从评估结果来看，子流域1的主要生态健康问题体现在水域上。子流域1的水域生态压力较小，是全流域的最优水平，得分为80.0，但是其水生生物得分较低，仅为47.3。水域生态健康指标中枯水期径流量占同期年均径流量比例、河道连通性、特有性或指示性物种保持率和大型底栖动物多样性综合指数4项指标得分较低，在19.0—43.8之间。其中，大型底栖动物多样性综合指数得分为19.0，这是该子流域水域生态健康评估得分低的重要原因。子流域1的陆域生态压力相对较小，综合评估得分为76.7，但是生态功能得分较低，为38.6，其中受保护地区面积占陆域总面积比例的评估结果最差，指标得分为10.6。森林覆盖率、水源涵养功能指数、土壤保持功能指数及重要生境保持率评估结果相对较差，指标得分在45.2—51.0。

　　子流域1位于濑溪河源头，常住人口仅占全流域的4.3%，人类活动所产生的污染物较少，向下游流域输入的鱼类及大型底栖动物生存所必需的营养物质偏低，同时上游水库作为大足区饮用水水源地经常关闸蓄水，受此影响，其生态流量保障不足，水文调蓄能力偏低。区域内耕地面积较大，占比达到61.5%，森林受到一定程度的破坏，并且大量土地未能及时得到保护，导致该子流域的水源涵养功能不足。受耕地分布影响，区域内建设用地相对分散，建设用地面积占比为9.6%。同时流域内地形起伏较大，高坪镇及中敖镇西北部大多为山地，流域内地表坡度较大，受此影响，流域内水土流失相对严重。另外该子流域植被覆盖度为67.8%，不透水面面积比例为9.9%，因发展农业种植，水源涵养功能更好的湿地及林地、草地面积占比较

175

小,导致水源涵养功能评估结果较差。子流域1(濑溪河源头)现状见图7.4-3。

图7.4-3 子流域1(濑溪河源头)现状

7.4.1.2 子流域2(大足城区)

子流域2位于大足城区,是濑溪河流域社会经济较发达的区域之一,其生态健康评估综合得分为48.2,评估等级为一般,是所有子流域中生态健康评估得分最低的区域。其水域和陆域生态健康评估结果雷达图见图7.4-4。

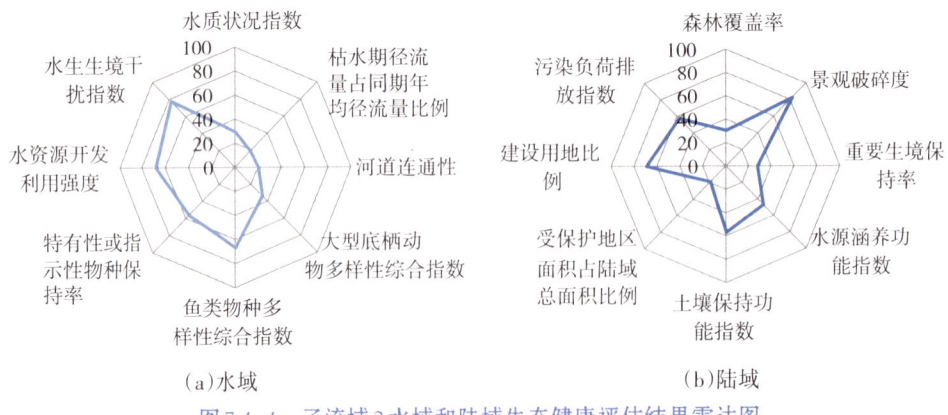

(a)水域　　　　　　　　　　　　　(b)陆域

图7.4-4 子流域2水域和陆域生态健康评估结果雷达图

子流域2水域生态健康评估综合得分为46.8,评估等级为一般;陆域生态健康评估综合得分为49.1,评估等级为一般。该子流域的水域生态健康评估综合得分为各子流域综合得分的最低分。水域生态健康评估中,子流域2生境结构得分为23.6,水生生物得分为51.4,水域生态压力相对较小,得分为73.2。其中,水质状况指数、枯水期径流量占同期年均径流量比例、河道连通性和大型底栖动物多样性综合指数4项指标的得分较低,在19.0—33.5之间;枯水期径流量占同期年均径流量比例的得分最低,为19.0。陆域生态健康评估中,子流域2生态格局得分为39.2,生态功能得分为41.6,陆域生态压力得分为62.3。其中,受保护地区面积占陆域总面积比例、森林覆盖率及重要生境保持率的评估结果较差,得分在19.0—30.6之间;受保护地区面积占陆域总面积比例的得分最低,为19.0。

子流域2位于濑溪河流域的上游,河段主要流经大足城区,人类活动频繁,污染负荷输入较多,水质改善能力较差,同时城区内河段两岸大多进行了硬化处理,多处设有闸堰,河道的纵向连通性不足,水文调蓄能力差。子流域2内的水生生物多样性水平较低,区域内的水资源开发利用和人类活动对水域生境影响程度较低。因位于大足城区,该子流域的建设用地面积较大,建设用地面积占比达到15.4%;土地利用类型以耕地为主,面积占比达到60.6%,极大地压缩了林地、草地面积,因此森林覆盖率较小。由于城区沿河两岸均建设了混凝土堤防,河流两岸重要生境建设用地比例达到18.8%,极大地破坏了河流两岸的天然生态环境,同时部分河段的河岸被开垦为耕地,河流两岸20 m范围内耕地面积占比达到34.5%,对河流的生态健康造成了较大影响。子流域2(大足城区)现状见图7.4-5。

图7.4-5 子流域2(大足城区)现状

7.4.1.3 子流域3(玉滩水库)

子流域3位于濑溪河流域的中游,玉滩水库在此子流域内,其生态健康评估综合得分为54.8,评估等级为一般,其水域和陆域生态健康评估结果雷达图见图7.4-6。

图7.4-6 子流域3水域和陆域生态健康评估结果雷达图

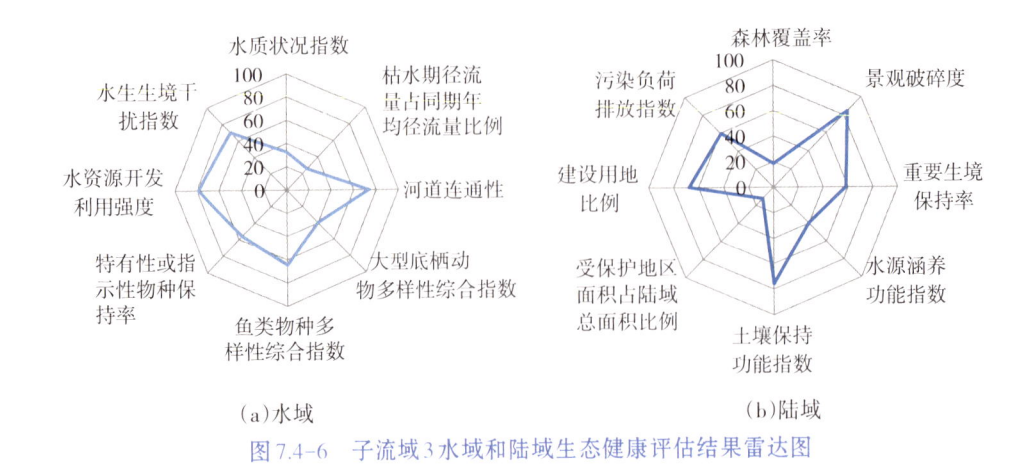

　　子流域3与全流域生态健康水平相当,其水域生态健康评估综合得分为55.3,评估等级为一般;陆域生态健康评估综合得分为54.5,评估等级为一般。水域生态健康评估中,子流域3的生境结构得分偏低,为42.7,水生生物得分为53.0,水域生态压力较小,得分为74.4。其中,水质状况指数、枯水期径流量占同期年均径流量比例和大型底栖动物多样性综合指数3项指标的得分较低,在25.7—39.6之间;枯水期径流量占同期年均径流量比例的得分最低,为25.7。陆域生态健康评估中,生态格局得分为55.5,生态功能得分较低,为42.4,陆域生态压力得分为62.8。其中,森林覆盖率、受保护地区面积占陆域总面积比例2项指标的评估等级为差,两项指标的得分分别为18.5和12.5;重要生境保持率、水源涵养指数、污染负荷排放指数3项指标评估等级为一般;土壤保持功能指数及建设用地比例的评估等级为良好,景观破碎度的评估等级为优秀。

　　子流域3范围内包含玉滩水库,其入库处的鱼剑堤断面污染物负荷较重,且受玉滩水库蓄水影响,枯水期放流量极低,甚至出现部分季节性断流河段,进而使得大型底栖动物多样性程度和特有性或指示性物种保持率较低。该子流域内地势较为平坦,农业在此区域占主导地位,同时子流域内有龙水工业园区,建设用地及耕地面积占比均较大,分别占子流域总面积的16.1%和67.8%,因此森林覆盖率较小,水源涵养功能较弱。子流域内有部分河道流经龙水镇城区,该段河流两岸均为混凝土堤防,对河流生态影响较大,其余河段两岸耕地居多,河流两岸20 m内耕地面积占比达到57.2%,对河流生境造成一定影响。子流域3(玉滩水库)现状见图7.4-7。

图7.4-7　子流域3(玉滩水库)现状

7.4.1.4 子流域4(窟窿河流域)

子流域4主要包含了濑溪河的主要支流窟窿河,其生态健康评估综合得分为62.2,评估等级为一般,其水域和陆域生态健康评估结果雷达图见图7.4-8。

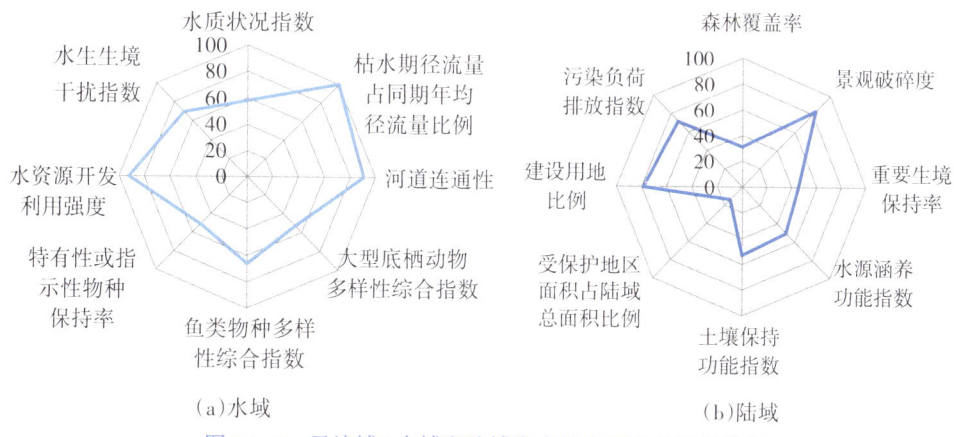

(a)水域　　　　　　　　　　　　　(b)陆域

图7.4-8　子流域4水域和陆域生态健康评估结果雷达图

子流域4的水域生态健康评估综合得分为70.2,评估等级为良好,是濑溪河各子流域中水域生态健康评估得分最高的子流域。其水域生态压力较小,得分为80.0,生境结构得分为52.8,两项指标均是全流域最优水平;水生生物得分为56.7。水域生态健康评估各项指标中,水质状况指数、特有性或指示性物种保持率、大型底栖动物多样性综合指数3项指标得分较低,河道连通性、枯水期径流量占同期年均径流量比例、水资源开发利用强度3项指标得分较高。子流域4的陆域生态健康综合评估得分为56.9,评估等级为一般,其陆域生态压力得分较高,为74.4,生态功能得分较低,为40.1,生态格局得分为50.3。陆域生态健康评估各项指标中,受保护地区面积占陆域总面积比例、森林覆盖率2项指标的评估结果较差;土壤保持功能指数、水源涵养功能指数及重要生境保持率的评估等级为一般;污染负荷排放指数、建设用地比例及景观破碎度的评估等级达到良好及以上。

子流域4(窟窿河流域)范围内无大型城镇,产业以农业种植为主,水资源开发利用和人类活动对水域生境的影响较小,全河道上仅1座水工建筑物,河道连通性较好,水文调蓄能力、生物迁徙洄游能力较强。子流域内耕地面积占比达到63.3%,土地利用变化主要为由林地转为耕地,同时受窟窿河上游地形影响,铁山镇及高升镇西部多为山地,水土流失情况较严重。窟窿河沿岸耕地大面积侵占天然河岸,使子流域内水源涵养功能及河岸自然植被结构完整性受到影响。

7.4.1.5 子流域5(荣昌城区)

子流域5位于濑溪河下游。荣昌城区位于该区域内,是濑溪河流域另一个社会经济较发达的区域。子流域5生态健康评估综合得分为50.2,评估等级为一般,其水域和陆域生态健康评估结果雷达图见图7.4-9。

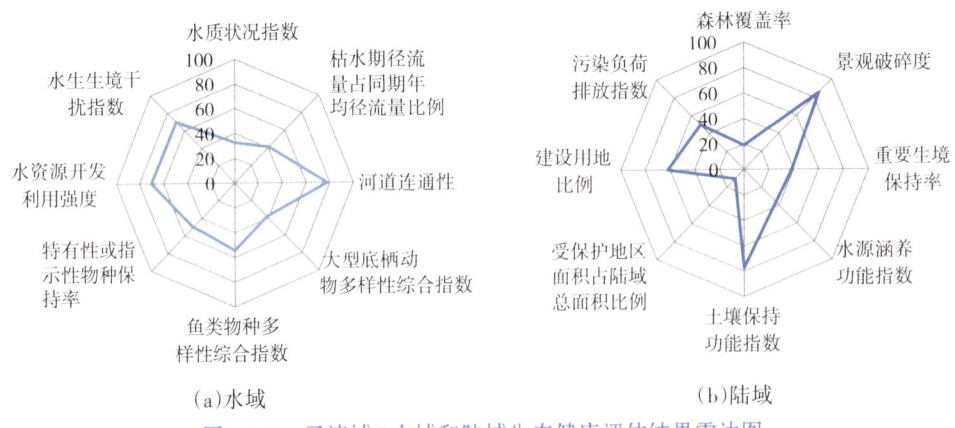

(a)水域　　(b)陆域

图7.4-9　子流域5水域和陆域生态健康评估结果雷达图

子流域5的水域生态健康评估得分为54.7,评估等级为一般,水域生态健康水平与全流域持平。其水域生态压力较大,评估得分为70.2;水生生物得分为47.0;生境结构处于各子流域的中间水平,得分为48.7。水域生态健康指标中,水质状况指数、枯水期径流量占同期年均径流量比例和大型底栖动物多样性综合指数3项指标的得分较低;河道连通性、水生生境干扰指数、水资源开发利用强度3项指标的得分较高。陆域生态健康评估得分为47.3,在各子流域中得分最低,其陆域生态压力得分也最低,为54.6,生态功能得分较低,为40.6,生态格局得分为44.0。陆域生态健康评估指标中,受保护地区面积占陆域总面积比例、森林覆盖率的评估等级为差;重要生境保持率及水源涵养功能指数的评估等级为较差;污染负荷排放指数评估等级为一般;建设用地比例、景观破碎度及土壤保持功能指数评估等级为良好及以上。

因子流域5包含了荣昌城区,其水资源开发利用和人类活动对水域生境影响程度较大,但子流域内生物多样性状况较好,流域内超50 km的河段上仅有2座闸坝,河道连通性尚可。由于该子流域处于城市开发建设区,区域内受保护地区面积占陆域总面积比例偏低,区域森林覆盖率也仅为14.2%。该子流域建设用地面积占比达到19.1%,耕地面积占比达到62.1%,是城镇化与农业并重的区域,过度的人类活动导致森林面积大量减少,植被覆盖度为50.7%,导致子流域内水源涵养功能受影响。濑溪河干流荣昌城区段人工河道长度达到4.1 km,万灵镇段人工河道长度为8.3 km,人工河段长度占子流域内河道长度的38.9%,天然河道受到较大的影响,并且河岸重要生境范围内建设用地面积占比达到16.3%,耕地面积占比达到34.8%,在一定程度上影响了河流的天然状态。子流域5(荣昌城区)现状见图7.4-10。

图7.4-10 子流域5(荣昌城区)现状

7.4.1.6 子流域6(濑溪河下游)

子流域6位于濑溪河流域最下游,其生态健康评估综合得分为59.7,评估等级为一般,是濑溪河全流域健康状态较好的区域。子流域6水域和陆域生态健康评估结果雷达图见图7.4-11。

图7.4-11 子流域6水域和陆域生态健康评估结果雷达图

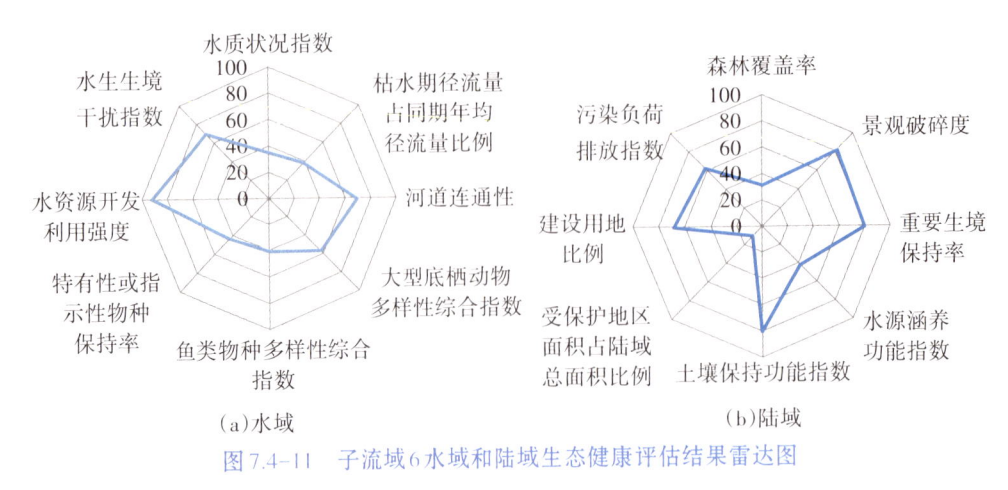

子流域6的水域生态健康评估得分为57.4,评估等级为一般,生态健康水平优于全流域总体评价。其生境结构得分等于全流域总体水平,得分为47.9,水生生物和水域生态压力得分分别为47.4和80.0。子流域6的水域生态健康各项评估指标得分相对均衡。子流域6陆域生态健康评估得分为60.8,其生态格局得分最高,为70.3,生态功能得分较低,为45.4,陆域生态压力得分为65.1。陆域生态健康各项评估指标中,受保护地区面积占陆域总面积比例的评估等级为差;森林覆盖率的评估等级为较差;水源涵养功能指数的评估等级为一般;其余指标评估等级均在良好及以上。

子流域6位于濑溪河流域的最下游,水文调蓄能力较强,生态流量得到较充分的保障,生物多样性水平较高,主要由于该段水量较大,且河段干流流经荣昌区广顺街道,生产生活水平较高,生物生存所需的营养物质输入丰富,水资源开发利用和人类活动对水域生境的影响程度较低。陆域方面,子流域内涉及的受保护地区包括岚峰森林公园、饮用水水源地保护区及封山育林地等,但受保护的封山育林地面积较小。子流域6森林覆盖率为19.1%,林地主要集中在东西两端,区域内耕地面积占比达到57.7%,建设用地面积占比为15.2%,人类农业活动对林地面积的影响较大。子流域内植被覆盖度为65.7%,植被覆盖情况良好,但水源涵养能力较好的湿地及林地面积较小。

7.4.2 濑溪河全流域生态健康评估结果

濑溪河全流域生态健康评估综合得分为55.1,评估等级为一般,其中水域生态健康综合得分为56.7，陆域生态健康综合得分为54.1。水域生态健康评估中，得分最低的是生境结构，为47.9，得分最高的是水域生态压力，为74.3；水生生物得分也相对较低，为50.6。陆域生态健康评估中，陆域生态压力和生态格局相对较好，得分分别为65.4和51.9，生态功能得分较低，为41.2。濑溪河全流域水域和陆域生态健康评估结果雷达图见图7.4-12。

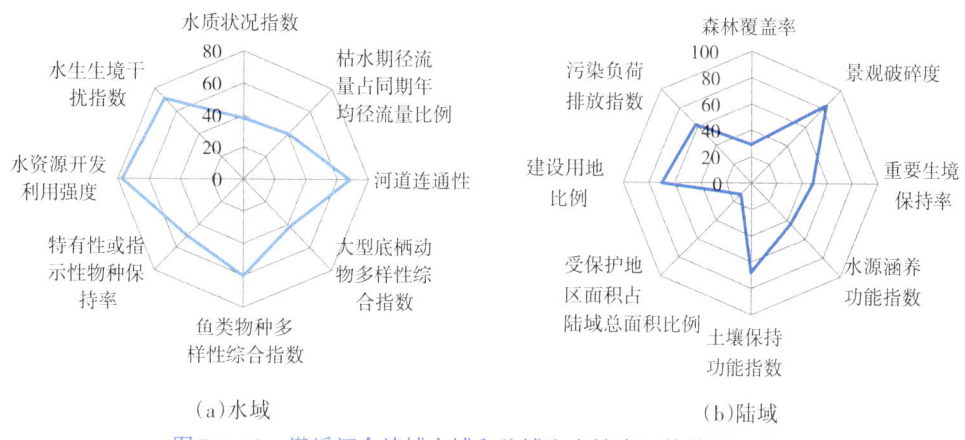

图7.4-12 濑溪河全流域水域和陆域生态健康评估结果雷达图

从濑溪河全流域生态健康评估结果来看，濑溪河流域整体生境结构有所退化，特别是在大足城区和荣昌城区。濑溪河全流域水质状况较差，其指数得分仅为38.4，同时流域位于降水缺少地区，根据统计，濑溪河流域多年平均降雨量约1 025 mm，低于重庆市平均水平，流域生态流量偶有不足。由于水质变差和水量较少，流域内水生生物多样性水平降低。濑溪河流域地貌以浅丘为主，土地肥沃，地势起伏平缓，是重庆市重要的农业产区，流域内耕地面积约1 004 km²，占全流域面积的比例达到60.5%，因此流域内受保护地区面积较小，森林覆盖率相对较低。与此同时，大足和荣昌城区均位于濑溪河干流河段，因此流域内建设用地面积占比达到14.6%，由此带来的人类活动污染也对流域生态健康造成了一定的影响。近年来，濑溪河流域大力开展生态保护，流域内全面禁止了网箱养鱼、采砂等活动，因此流域的水域生态压力相对较小，也未出现大面积破碎景观，全流域植被覆盖度为61.7%，植被覆盖情况良好。不过耕地的水源涵养功能远不及湿地及林地，对流域的水源涵养能力造成了较大的影响。

第八章
流域生态问题分析

濑溪河位于渝西地区,这里经济发展相对较好,人类活动干扰了湖泊河流的自然生境,主要限制濑溪河流域生态系统健康发展的因子是社会经济发展与生态保护需求之间的矛盾。

8.1 水域生态面临的主要问题

经过评估,濑溪河流域水域生态系统的主要问题是枯水期径流量偏小和水生生物多样性下降。部分流域受水电站、大坝等水利工程设施的影响,河道连通性受到严重破坏,对以鱼类为代表的水生生物的正常生长繁殖造成严重影响。

濑溪河流域地处渝西地区,该地区属资源型缺水地区,且兼水质型缺水和工程性缺水,区内河流均属中小型河流,来水量少,生态脆弱。流域内大足城区与荣昌城区的总来水量较少,开发程度高,污染物入河量大。除源头的关圣新堤断面和两区交界的界牌断面水质达标外,玉滩水库库心和高洞电站两个国家考核断面水质常年不达标,甚至有Ⅴ至劣Ⅴ类水质月份出现,呈水脏、水浑等现象,不能达到水功能区水质管理目标。

8.1.1 水质状况不容乐观,部分河段污染较严重

本次调查评估发现,濑溪河流域整体水质状况良好,绝大部分区域的水质能达到Ⅲ类以上,个别区域水质状况不容乐观。尤其是靠近场镇附近的河段,水体污染和生活垃圾污染较为突出,部分镇街存在生活污水二、三级管网建设滞后等问题,导致污水处理率、污水收集率较低,沿岸居民区的部分生活污水未经处理或处理不达标就排入了河道。另外,部分邻近场镇的饮用水水源地污染较严重,乡镇垃圾收运系统不完善,生活垃圾堆积、沿岸区域种菜、附近居民在水源地洗衣服洗菜等问

题较为突出。本次调查评估结果显示,流域部分采样点水质类别为Ⅳ类,个别地区采样点水质为Ⅴ类,超标因子主要为氨氮、总磷和化学需氧量。

8.1.2 枯水期径流量整体较低,部分流域河道连通性较差

枯水期径流量可反映流域的调洪补枯功能,以及河流生态需水量的满足程度。通过评估结果可以看出,濑溪河流域整体枯水期径流量偏低。濑溪河虽为山地河流,但流域内地貌以丘陵为主,土地开发程度较高,森林覆盖率较低,流域的保水能力较差,同时流域内分布有较多水库,进一步限制了河流流量。水电站、闸坝等水利工程设施破坏了河流的连续性,部分河段还存在开发过度的现象,如流域上游的宝顶镇、龙岗街道和棠香街道河段,分布有10余个水库、闸坝等水利工程设施,自然河道严重阶梯化,连通性差,严重影响了部分流域的水文情况和水生生物生存状况。

8.1.3 水生生物多样性下降,特有性和指示性物种数量减少

根据调查,水生生物多样性下降与特有性和指示性物种数量减少是濑溪河流域水域生态系统面临最为严重的问题之一。从评估结果可以看出,以大型底栖动物和鱼类为代表的水生生物多样性水平下降严重。特有性和指示性物种的生存现状也不容乐观。目前,流域内仅发现67种大型底栖动物和50种鱼类,反映出整体流域的水生生物多样性面临较大压力,尤其是流域下游地区,该地区河道严重受到人工干扰,水生生物生境遭到破坏,生境退化趋势更加明显,流域内大量的城镇溪流水生生物生存状况受到威胁,鱼类基本以适应性较强的鲫鱼为主,底栖动物也多为水丝蚓和摇蚊等少数耐污种类,其水生生态系统的稳定性较差。

8.2 陆域生态面临的主要问题

从濑溪河流域陆域生态健康评估指标来看,受保护地区面积占陆域总面积比例、森林覆盖率、水源涵养功能指数和重要生境保持率这4项指标得分较低,表明流域内陆域生态系统健康的主要问题出现在这几个方面。

8.2.1 天然河道被侵占,重要生境出现退化

濑溪河流域优越的自然环境造就了丰富的资源,但近年来,随着人工经济林、果园、畜禽养殖、旅游业等的发展,水塘和村落等人工生态系统占据越来越大的优势,流域内水陆自然过渡带减少,河滨带的天然湿地大幅减少,重要生境受到威胁。全流域重要生境植被完整性指数为41.7%,森林、草地、湿地等自然生态系统的组成、面积、空间格局分布及时空演变呈退化趋势。河湖岸带区域的生境状况非常重要,具有维持生物多样性、净化水体、稳定岸带、调节微气候及美化环境的功能。濑溪河流域的防洪堤普遍为混凝土硬质堤防,导致野生动植物缺乏生存空间,影响护堤的生态功能,易出现水源涵养能力下降、水土保持功能退化、景观组分破碎化等环境承受能力减退的问题。此外,流域内湖泊、森林、草地、湿地等自然生态系统与村落、城镇、农田等人工生态系统之间的能量流动、物质循环交换更替频繁。濑溪河流域受到耕作、建设用地侵占和水利工程建设等的影响,生境受到威胁,普遍存在挖砂、种植果蔬、修建沿河公路、修建水坝和修建闸坝等影响生境的行为。

8.2.2 森林覆盖率不足,自然植被比例缩小

随着人类活动范围的不断扩大和活动强度的不断提高,人类活动对植被的影响也日益加剧。人类的经济活动成为影响植被分布和动态变化的一个重要因素。虽然濑溪河流域的开发历史相对较短,但是人口压力比较大,人为活动程度较深,耕地面积大量增加,使天然湿地面积减少,自然常绿阔叶林基本消失,多为混杂的次生植被和人工植被类型。全流域森林覆盖率仅为17.9%,且主要集中在大足区东南部的巴岳山、荣昌区中南部的古佛山和螺罐山两个低山区,其余区域呈不成片的零星分布。特别是部分流域土地利用方式从天然林地转变为耕地后,流域水源涵养功能大幅度降低,水文调节能力减弱,增加了丰水期洪水爆发的可能性,枯水期上游来水量减少,使得水库水资源量较少,对库区生活供水、灌溉和生态用水均构成威胁。

随着封山育林行动的开展,部分流域培育了较多的人工植被,虽然在一定程度上提高了植被覆盖度,但人工林仍存在着一些问题,例如人工林结构单一,稳定性和持久性较差,群落物种多样性不高,天然更新难,易受病虫害影响等,同时还可能对本土植物的生长产生不利影响。

8.2.3 受保护地区面积较小,生态保护有待加强

调查结果显示,濑溪河流域受保护地区的数量偏少,区域面积偏小。流域范围内的重庆大足石刻市级风景名胜区、重庆市大足区西山桫椤自然保护区、重庆玉龙山国家森林公园、岚峰森林公园、重庆濑溪河国家湿地公园、饮用水水源地保护区及封山育林地等受保护地区的面积仅占全流域陆域面积的4.9%,由于受保护地区面积较小,其产生的生态系统服务功能有限。同时,濑溪河流域的受保护地区缺乏系统规划,封山育林地、重要生态功能区的保护工作还有所欠缺,生态保护力度有待进一步加强。

第九章
对策与建议

9.1 流域生态健康保护对策

9.1.1 加大污染源治理力度,防止流域生态恶化

濑溪河流域生态健康保护的首要措施就是要加大污染源的治理力度,防止流域生态进一步恶化。目前,濑溪河流域的污染物主要有两个来源:一是流域内城镇居民生活用水产生的城镇生活污染;二是流域内农业活动,如施用农药化肥和畜禽水产养殖造成的面源污染。农业污染物排放量较大的镇要列为重点治理对象。

城镇生活污染主要是城镇生活污水厂处理能力不足、污水管网建设不完善、雨污混流等原因造成的。因此,要治理城镇生活污染,一是提升城镇生活污水处理的能力,对已超负荷运行的污水处理厂进行扩建或改造。二是提高城镇生活污水处理出水的水质标准,对有条件的污水处理设施进行提标改造。三是开展污水管网建设和改造,加快补齐城中村、老旧城区和城乡接合部的管网短板,改造老旧破损管网,提高污水收集率。四是强化市政管网的运行维护,清理"错接""漏接"的污水管网,建立管网定期维护与管理制度,完善污水管网资料。五是加快实施雨污分流改造,难以改造的区域应采取截留、调蓄和治理等措施,城镇新区或新建污水处理设施的配套管网建设应实行雨污分流,有条件的镇街要推进初期雨水收集、处理和资源化利用。

农业面源污染相对于点源污染具有"点多、面广、分散"等特点,其治理难度更大,因此,必须要从源头上进行治理,防止大量污染物进入水域。一方面,必须发展高效的现代化农业,积极鼓励、引导区域内沿河农户调整农业结构,出台化肥农药减量化指导意见,推行精准施肥施药,推广用高效低毒农药替代高毒高残留农药,减少化肥和农药的施用量,推进生态沟渠、污水净化塘、地表径流集蓄池等设施建

设,净化农田排水及地表径流,加强流域农业污染生态截留带建设。同时,要加强畜禽养殖区域管理,强化畜禽养殖总量控制,建立动态管理台账,调整优化畜禽养殖布局,现有畜禽养殖场要根据环境承载能力和周边土地消纳能力配套建设粪便污水贮存、处理、利用设施,推广生态养殖模式,严格控制激素、抗生素等物质的添加,加强畜禽养殖废弃物处置及综合利用。另一方面,要优化调整水产养殖布局,合理规划鱼塘布局,取缔增氧机,禁止禁养区肥水养鱼,拆除超过养殖容量的网箱围网设施,实施水产养殖池塘标准化改造,养护和恢复流域内的天然渔业资源,推动精养鱼塘排水达标工作。

9.1.2 保障河湖生态水量,严格水资源开发管理

应实施濑溪河长期水文监测工作,明确河流生态水量,开展濑溪河水库联合调度,明确下泄流量,重点保障枯水期的河道生态基流,实现水资源综合效益和可持续利用。严格控制濑溪河干流及主要支流的小水电、引水式水电开发。实施分类清理整顿,逐步推进不合理小水电的整改和退出,依法退出涉及自然保护区核心区或严重破坏生态环境的违法违规建设项目,并进行必要的生态修复。加强对保留的小水电项目的监管,完善生态环境保护措施。要加快推进渝西水资源配置工程建设,深入推进河湖水系连通、区域水循环工程、再生水循环利用工程建设,增加枯水期下泄流量,保障生活和生产用水,促进濑溪河干流生态系统平稳恢复。拆除或改造拦河坝,不能拆除的可改造为梯度结构,构建跌水建筑物,提高水动力,恢复河流自然生态,同时可设置过鱼设施,以满足水生生物洄游习性和物质交换需求。

要加强水资源开发利用控制红线管理,实行用水总量控制,遵循统筹规划、科学配置、节约保护和水资源有偿使用的原则,加强用水管理,保障水资源可持续利用。要强化节水措施,加强用水效率控制红线管理,鼓励节水和研发节水技术,发展节水型产业,提高水资源利用效率。要加大农业节水力度,以水资源高效利用为核心,建立农业生产布局与水土资源条件相匹配、农业用水规模与用水效率相协调、工程措施与非工程措施相结合的农业节水体系。要深入开展工业节水,根据区域水资源禀赋和行业特点,结合用水总量控制措施,引导区域工业布局和产业结构调整,大力推广工业水循环利用、洗涤节水等通用节水工艺和技术,加快淘汰落后用水工艺和技术。要推进城镇生活节水,加强节水配套设施建设,加快城市供水管网改造,降低供水管网漏损率。

9.1.3 重视流域植被恢复,加强生物多样性保护

流域内应定期开展植物物种调查,保护植物资源的再生力。要在植物资源普查的基础上,保护本地区原有天然分布的植物特种。对于分布在濑溪河流域的森林资源,要高度重视它们的生态价值并尽可能减少附近的人类活动。同时,要调整土地利用结构,恢复植被覆盖,保护野生植物资源,积极实施退耕还林、绿化荒山、天然林保护等工程,推动经济林、水土保持林、防护林等多种经营方式发展。对于重要生境遭到严重破坏的流域,要科学合理地进行人工辅育,比如在局部水土流失较严重的河段补植原生的湿地植物等,以恢复水陆相间的生物群落。

应开展濑溪河流域生物多样性定期监测,掌握流域内生物多样性的变化情况,并针对发现的问题及时提出保护方案与实施保护措施。同时,要加大生物多样性保护的宣传教育力度,让公众了解生物多样性保护的意义,加强保护意识,确保生物资源的可持续发展和永续利用。

9.1.4 加强流域环境监管,落实生态事故责任制

应制定濑溪河流域生态保护规划,定期对流域内的重点污染源开展环境监察,对于破坏流域生态健康的违法行为,要依照有关法律法规进行严厉打击。要完善河岸城镇生活垃圾循环及处理机制,禁止居民向水体倾倒生活垃圾,或在岸边堆放垃圾。对于流域内的建设项目,要严格执行环境影响评价制度和建设项目环保"三同时"制度,避免建设项目发生环境违法行为,要确保建设项目投入使用后排放的污染物达到国家排放标准。

可效仿"河长制"(地方河流管理制度)的成功经验,建立流域生态环境保护责任追究制,由各乡镇街道的党政负责人全面主持辖区内的流域生态健康工作,积极开展水域、陆域的污染治理,改善流域生态健康状况。此外,还可把流域生态环境保护工作列入各乡镇有关部门年度岗位工作目标,如果流域内发生重大环境事故,对生态健康造成了严重破坏,要严格执行问责制度,对相关责任人和党政负责人依法追究相应责任。

9.1.5 提高居民环保意识,鼓励公众参与监督

应采取多种形式,广泛宣传流域生态保护的相关法律法规及其重要作用,增强

群众对流域生态健康的保护意识,动员全民关心和保护濑溪河。通过调查发现,流域内居民普遍具有保护濑溪河的热情和意识,但是关于重要生境的概念、减轻河流负担的方法等流域生态健康保护知识则了解较少,还有极少数居民对生态调查持回避态度。由此可知,流域内的生态保护宣传力度仍不够,部分民众对流域生态健康的认知还不够,对生态保护的切实方法了解不多。流域保护需要公众广泛参与,因此,可通过电视、广播、报纸、网络等新闻媒体对流域保护的意义、价值等进行广泛宣传,提高濑溪河流域居民对生态系统结构、功能、价值和效益的认识。

流域生态健康涉及到公众的切身利益,一方面,实行公众参与有奖监督机制和公众参与执法责任监督机制,可以扩大监督面、提高监督覆盖率,增强监督的主动性与自觉意识,形成保护流域生态环境的良好氛围,同时有利于环境监督和执法部门依法落实有关政策措施。另一方面,实行公众参与决策机制和处罚案件公众听证机制,不但可以有效否定某些不顾生态环境而盲目决策或建设的工程,从决策源头上降低生态环境损害事件的发生率,还可以提升公众的维权意识,体现公民在生态环境保护领域的主人翁地位,展现司法的公正性。因此,鼓励群众积极参与流域生态环境监督,这对流域生态健康保护有着重要的意义。

9.2 流域生态健康保护工程措施建议

濑溪河流域生态健康保护工程措施包括加快流域产业结构调整、推进流域上中下游产业布局优化、实施污染源治理、推进生态系统修复、加强流域生态健康监管和实施生态补偿等六个方面。

9.2.1 加快流域产业结构调整

要加快淘汰严重污染环境的落后产业。严格落实中央和地方政府的相关产业政策,加快淘汰高污染、高环境风险的工艺、设备与产品。对不符合产业政策、长期超标且达标无望的落后产业,应依法予以淘汰。要大力推进清洁生产,抓好重污染行业、工业园区的管控,提升"小微"排污企业治理水平,实施重点行业企业限期达标排放改造。要大力推进工业废水深度治理,实施工业园区污水管网雨污分流,推动园区污水处理厂提档升级,对治理后的中水进行园区回用。要推动污染企业退出,取缔非法电镀、酸洗企业,电镀、酸洗企业全部入园区生产。并鼓励其他污染企业自愿"退城进园"。要开展"散乱污"涉水企业综合整治,分类实施关停取缔、整合搬迁、提升改造等措施。

9.2.2 推进流域上中下游产业布局优化

应基于濑溪河流域生态健康现状,分析流域上中下游产业类型,优化流域产业布局,促进区域经济和资源环境的协调发展。濑溪河上游源头区为全流域重要的生态涵养区域,需要坚持生态绿色发展,同时利用良好的自然生态环境资源,大力发展生态农业、生态旅游、康养度假等绿色产业。中游的大足城区、龙水开发区及荣昌城区应加快产业全面转型升级,持续推进"散乱污"综合整治,加快推进微型企业排污许可清理发放工作,全面解决环保手续不全、污染治理设施不到位或不规范、环境管理水平低等问题,提高全行业节能降耗、清洁生产和污染治理水平。濑溪河流域下游区域连接四川,需要促进生产要素从分散式、低效率、低质量向集约化、高效率、高质量发展模式转变,全面贯彻"绿水青山就是金山银山"的理念,统筹推进乡村生态振兴和农业农村污染治理。

9.2.3 实施污染源治理

9.2.3.1 推进流域排污口整治

要强化排污口分区审批和管理,推进排污口责任主体自行监测、信息公开,开展企事业单位、污水集中处理设施排污口监督性监测,开展入河排污口不定期巡查抽测。城镇及园区雨洪排口、农田排口及其他排口要按照职责分工开展日常监督管理。要加大排污口环境执法力度,依法处罚未经同意设置或不按规定排污的行为,严厉查处私设暗管等逃避监管的行为。要推进排污口规范化整治,清理违规接入的排污管线,维护和更新老化破损排污管网,完善入河排污口标示标牌设置。

9.2.3.2 强化工业企业污染防治

要完善工业园区的集中污水处理设施,落实工业园区、工业集聚区管理主体责任,开展工业园区、工业集聚区污水处理设施建设及配套污水管网排查整治。加快实施园区管网混接改造、管网更新、破损修复改造,依法推动园区生产废水应纳尽纳。要实施"散乱污"涉水企业综合整治,加大对流域内"散乱污"企业的整治力度,督促其完善环保手续,完成登记备案,达到整治要求,对于不能达到整治要求的企业,坚决实施关停等措施,清理沿河未生产企业的老旧设备,实施厂区生态恢复。要强化工业园区、微型企业集中区等工业集聚区的污染治理,加大对企业废水排放的排查力度,彻底摸清废水排放去向,严查利用雨水管网排放、倾倒含毒污染物或废水等违法行为。企业生产废水排入市政管网的,应经预处理达到相应的行业标准或国家标准,并在符合对应污水处理厂接水要求后接入污水处理厂处理。

9.2.3.3 深化城镇水污染治理

要推行城镇雨污分流,现有的排水设施应当实施雨水、污水分流改造,加快城中村、老旧城区、城乡接合部和重点人口集聚点的生活污水收集管网建设,治理管网混错接、漏接,实施老旧破损管网的修复与更新,基本消除生活污水收集管网空白区。要鼓励有条件的地区建设初期雨水调蓄池,收集初期雨水,经过净化后排放,减少初期雨水对地表水水质和污水处理厂的影响。要提高城镇污水处理能力和处理达标率。加快推进流域内城乡污水处理设施建设,新建荣昌区城区污水处理厂三期工程,实施大足区中敖镇、宝兴镇、铁山镇等污水处理厂扩建及提标改造工程。要加强污水处理设施运行监管,确保水质达标后再排放。

9.2.3.4 强化农村水污染防治

要推进农村生活污水的收集和处理,保障农村生活污水治理设施持续运行,推进城镇生活污水收集管网向农村延伸,将农村污水纳入城镇污水处理厂进行统一处理。鼓励小型聚居点和散居农户采用人工湿地、生物塘、农村改厕、户用沼气、化粪池以及储粪还田等多种形式治理分散污水,加强改厕与农村生活污水治理的有效衔接。要完善农村生活垃圾治理,按照"户集、村收、乡镇转运、区域处理"的模式,建立健全有完备垃圾设施设备、有成熟治理技术、有稳定保洁队伍、有完善监管制度、有长效资金保障的"五有"农村生活垃圾收运处置体系。完善再生资源回收体系,推进可回收垃圾的资源利用。

9.2.3.5 积极开展农业农村污染治理

要积极推广生态农业,实施化肥、农药减量增效行动,开展农药使用现状及农作物肥料施用情况调查,强化规模种植户技术指导,以单位面积施用量高的地区、作物和新型经营主体为重点,鼓励施用配方肥、有机肥,加快绿色防控、专业化统防统治等重点技术的推广。

要加强畜禽养殖污染防治,实施畜禽养殖清洁生产管理,推广节水、节料等清洁养殖工艺和干清粪、微生物发酵等实用技术,实现源头污染减量。要推进畜禽养殖场废弃物综合治理,实施畜禽养殖粪便污水贮存、处理与利用设施的标准化建设和升级改造。加大对规模化畜禽养殖场的监管力度,支持规模化养殖场开展标准化改造和建设,提高畜禽粪污收集和处理水平,实施雨污分流、粪污资源利用,控制畜禽养殖污染排放,加强雨天粪污溢流风险防控。

要持续推进水产养殖绿色发展,加强水产养殖区域管理,限制部分养殖密集程度高的区域过度发展养殖,优化水产养殖空间布局,完善禁养区、禁渔区的划定工作。依法限期搬迁或关停禁养区内的水产养殖,严格按"不投饵、不施肥、不投药"的要求规范限养区管理。要推动水产养殖结构调整,加强水产养殖尾水治理,大力推广池塘工厂化循环水养殖、大水面生态增养殖等模式。

9.2.4 推进生态系统修复

9.2.4.1 强化水资源保护

要保障流域的生态流量,严格控制濑溪河流域小水电、引水式水电开发,重点保障枯水期河道生态基流,实现水资源综合效益和可持续利用。同时,要实施濑溪河长期水文监测工作,明确河流生态水量,开展濑溪河水库联合调度,明确下泄流量。可根据区域内各水电站、水库资源状况及水库供水任务开展综合评估,建立小水电台账,实施分类清理整顿,逐步推进不合理小水电的整改和退出,开展流域内小水电生态流量泄放设施建设,在满足城镇生活用水需求的基础上,优先保障河道内最基本的生态用水需求,其次满足灌区内农业灌溉用水需求,在有弃水的情况下,弃水应作为河道生态补水。

要加快推进渝西水资源配置工程建设,深入推进河湖水系连通、区域水循环工程、再生水循环利用工程建设,增加枯水期下泄流量,保障生活和生产用水,促进河流干流生态系统平稳恢复。要开展大足区水资源配置工程建设,其配水输送管道可经邮亭镇九滩村、东胜村向西北经龙水镇新龙村及珠溪镇盘龙村进入玉滩水库;推进大足区窟窿河—黄莲水库—观音岩湿地连通工程建设。

9.2.4.2 加强生态敏感区保护

要强化自然湿地、湿地公园、水生生物栖息地、产卵场等生态敏感区的修复和保护。按照应保尽保的原则,实施湿地公园划线保护,遏制湿地面积萎缩,增强天然湿地的生态系统服务功能,开展湿地生态系统服务功能评估,实施分类保护与修复,以国家级、市级生态公园和湿地自然保护区为重点开展天然湿地生态系统服务功能评估。

9.2.4.3 建设生态缓冲带

要推进濑溪河流域缓冲带建设,重点针对濑溪河岸线生态功能受损的区域,以及受污染面源影响较大且富营养化趋势明显的区域,特别是濑溪河流域沿岸城市开发区及农业种植区,综合利用多水塘、湿地构建、生态护岸等多种技术,建立河流岸边缓冲带,有限截流面源,减少入河负荷。要以重要河流源头和饮用水水源地为对象,开展重要水源涵养区建设,包括林地清理、挖穴、种苗、基肥、栽植,以提高涵养水源、保持水土以及净化水质的效果,重点实施大足、荣昌城市级饮用水水源地涵养区建设,推进一级保护区生态隔离带建设,预防二级保护区及汇水区发生水土流失,加强生态涵养林建设,确保饮用水水源地集水区范围内生态良好,水源输入得到有效控制。要持续推进乡镇级集中式饮用水水源地(万人千吨)中的生态涵养林调查,探索生态恢复与饮用水保护措施和污染控制的协同机制,在有限区域内开展生态搬迁等工作。

9.2.4.4 建设绿色滨水空间和生态河流

在满足防洪和水资源利用的同时,要努力保持原有生态系统的多样性,依照现存的自然条件,利用生态工程方法,逐步恢复自然河流主流、深潭、浅滩和急流相间的格局,打造自然的河岸线。其中,在生态堤岸方面,可根据河道现状,对浆砌石等硬质堤岸,采用生态石笼堤岸工艺建设。对河道堤岸是土质形态的河流段,可通过堤岸修复,建设自然型生态堤岸。可推进濑溪河珠溪段河岸生态修复工程和高升桥水库入库河流生态堤岸工程建设。在河口湿地方面,可根据河口地区的基底、水深等现状,因地制宜地培育多种挺水植物、浮叶植物、沉水植物,并使其与周边的生态环境协调一致,通过人工保育、自然演变,使其逐渐向自然湿地过渡,最终成为水域生态系统的一部分。还可选择生态浮床等工艺,完成高河流河口湿地建设。

9.2.4.5 推进湿地功能重建及修复

要进一步明确空间管控范围,划定湿地保护红线,对生态服务功能退化严重的区域,要开展湿地生态修复工程建设。可推进大足区玉滩水库市级湿地公园建设,在玉滩水库下游修建湿地公园,实施窟窿河及濑溪河大足城区段水生态功能型湿地建设。针对污水处理厂尾水河段面临的河流萎缩、局部水体富营养化、生态敏感空间被侵占、生态结构受损和生物多样性减少等水环境问题,要因地制宜地实施水体生态修复工程措施,如实施污水处理厂尾水口人工湿地建设,完成镇街污水处理厂尾水湿地及配套设施建设等。

9.2.4.6 实施濑溪河干流及支流生态修复治理

可逐步实施大足区金竹河、龙水河、杨柳河,以及荣昌区马鞍河、九眼桥河、莲花河、五贵河等濑溪河支流的生态修复工程,沿河开展河岸生态修复,进行河道生态清淤,建设库湾浅水湿地,推进库湾乔木种植,修建河岸植物隔离带。要实施玉滩水库污染治理,削减库区水体总磷污染负荷。

9.2.5 加强流域生态健康监管

要以流域分区管理为依据,以突出流域水资源、水环境及水生态等环境问题为重点,定期开展濑溪河流域水生态环境整治效果评估,做好流域地区环保、水利、自然资源等多部门联合执法工作,对破坏流域生态环境的重点违法行为进行有效查处。要建立健全跨地区的流域上下游突发水污染事件联防联控机制,强化突发环境事件隐患联合排查整治,联合开展突发环境事件应急演练,落实突发环境事件发生后统一行动、共同处理的工作原则。荣昌区、大足区生态环境部门可建立健全与四川省泸县、安岳县等接壤区县的突发环境事件联防联控机制,并积极推动相关措施的落实。

9.2.6 实施生态补偿

要按照"谁污染、谁治理,谁受益、谁补偿"的原则,修订和完善濑溪河流域横向生态保护补偿机制,建立大足区和荣昌区上下游之间的流域生态保护治理联席会议制度,形成上下游两区之间的协作会商、联防共治制度。濑溪河上下游两区要协同实施水污染防治、水生态修复和水资源保护,实现濑溪河流域水生态环境持续改善。可与四川省联合推动濑溪河干流横向生态保护补偿试点,鼓励川渝和境内毗邻区县根据实际情况,自行协商签订生态保护补偿协议,深化毗邻地区水环境联防联控,推动绿色发展的政策协同。

9.3 应用建议

9.3.1 服务流域管理

濑溪河流域水生态健康调查评估成果可为流域内的环评审批、区域限批提供参考。当流域生态健康问题主要表现为流域生态系统结构遭到破坏时，建议通过环评审批的方式，针对受影响的结构性指标，控制流域内的建设开发活动；当流域生态健康问题主要表现为水环境污染时，可考虑通过区域限批的方式，进一步严格限制流域内的污染物排放总量，降低流域内的污染物负荷；当以上两种问题同时存在时，环评审批和区域限批可同时实施。

9.3.2 识别维护流域生态系统服务功能的关键区域

濑溪河流域水生态健康调查评估成果可识别维护流域生态系统服务功能的关键区域。通过濑溪河水生态健康评估，可以看出全流域生态健康状态一般，需要进一步加强生态环境保护；还可以看出濑溪河流域大足城区段（子流域2）的生态健康状态最差，枯水期径流量、河道连通性、水生生物多样性、森林覆盖率等是造成该区域生态健康状态变差的主要原因。同时，不同区域也可以通过评估结果准确把握生态环境方面存在的问题，为后续濑溪河流域划定生态红线区，严格生态红线区内的保护与监管，进一步维护流域生态健康提供基础支撑。

9.3.3 界定流域生态补偿范围

濑溪河流域水生态健康调查评估成果可作为界定流域生态补偿范围的参考依据。可通过不同时期流域水生态健康调查评估结果的比较，为流域生态补偿标准测算提供依据；通过流域生态补偿与流域生态健康变化的对应性关系，调整和修正生态补偿的资金和政策。濑溪河流域涉及重庆市大足和荣昌2个行政区，其下游为四川省泸县，还涉及川渝两地对濑溪河流域生态环境保护的协同开展。近年来，重庆市试点推进了濑溪河流域生态补偿，但是流域内的生态补偿方式、补偿标准等都需要更加明细的基础数据作为支撑。通过濑溪河流域水生态健康调查评估成果，有关部门可以了解和明确濑溪河流域生态环境中存在的问题及责任主体，可以更好地完善濑溪河流域生态补偿机制，促进流域生态环境改善。

附表

澜沧江流域生态健康综合评估结果表

控制单元	综合得分	评估对象	得分	指标类型	得分	评估指标	得分
全流域	55.1	水域	56.7	生境结构	47.9	水质状况指数	38.4
						枯水期径流量占同期年均径流量比例	40.4
						河道连通性	68.2
				水生生物	50.6	大型底栖动物多样性综合指数	41.6
						鱼类物种多样性综合指数	60.0
						特有性或指示性物种保持率	50.0
				水域生态压力	74.3	水资源开发利用强度	77.3
						水生生境干扰指数	71.3
		陆域	54.1	生态格局	51.9	森林覆盖率	29.6
						景观破碎度	84.1
						重要生境保持率	48.5
				生态功能	41.2	水源涵养功能指数	43.5
						土壤保持功能指数	67.6
						受保护地区面积占陆域总面积比例	11.6
				陆域生态压力	65.4	建设用地比例	69.9
						污染负荷排放指数	62.5

澜溪河流域生态健康综合评估结果表（续）

控制单元	综合得分	评估对象	得分	指标类型	得分	评估指标	得分
子流域1	59.0	水域	57.4	生境结构	48.1	水质状况指数	78.6
						枯水期径流量占同期年均径流量比例	19.0
						河道连通性	36.4
				水生生物	47.3	大型底栖动物多样性综合指数	29.0
						鱼类物种多样性综合指数	67.4
						特有性或指示性生物种保持率	43.8
				水域生态压力	80.0	水资源开发利用强度	90.0
						水生生境干扰指数	70.0
		陆域	60.0	生态格局	59.2	森林覆盖率	45.2
						景观破碎度	84.3
						重要生境保持率	55.5
				生态功能	38.6	水源涵养功能指数	50.3
						土壤保持功能指数	51.0
						受保护地区面积占陆域总面积比例	10.6
				陆域生态压力	76.7	建设用地比例	80.9
						污染负荷排放指数	74.0
子流域2	48.2	水域	46.8	生境结构	23.6	水质状况指数	29.6
						枯水期径流量占同期年均径流量比例	19.0

澜溪河流域水生态健康综合评估结果表（续）

控制单元	综合得分	评估对象	得分	指标类型	得分	评估指标	得分
子流域2	48.2	水域	46.8	生境结构	23.6	河道连通性	20.4
						大型底栖动物多样性综合指数	33.5
				水生生物	51.4	鱼类物种多样性综合指数	66.8
						特有性或指示性物种保持率	56.3
				水域生态压力	73.2	水资源开发利用强度	68.4
						水生生境干扰指数	78.0
		陆域	49.1	生态格局	39.2	森林覆盖率	30.6
						景观破碎度	82.4
						重要生境保护率	27.6
				生态功能	41.6	水源涵养功能指数	46.5
						土壤保持功能指数	56.9
						受保护地区面积占陆域总面积比例	19.0
				陆域生态压力	62.3	建设用地比例	69.3
						污染负荷排放指数	57.7
子流域3	54.8	水域	55.3	生境结构	42.7	水质状况指数	32.5
						枯水期径流量占同期年均径流量比例	25.7
						河道连通性	73.4
				水生生物	53.0	大型底栖动物多样性综合指数	39.6

200

澜溪河流域生态健康综合评估结果表（续）

控制单元	综合得分	评估对象	得分	指标类型	得分	评估指标	得分
子流域3	54.8	水域	55.3	水生生物	53.0	鱼类物种多样性综合指数	64.8
						特有性或指示性物种保持率	56.3
				水域生态压力	74.4	水资源开发利用强度	78.8
						水生生境干扰指数	70.0
		陆域	54.5	生态格局	55.5	森林覆盖率	18.5
						景观破碎度	84.3
						重要生境保持率	58.3
				生态功能	42.4	水源涵养功能指数	39.8
						土壤保持功能指数	75.8
				陆域生态压力	62.8	受保护地区面积占陆域总面积比例	12.5
						建设用地比例	67.8
						污染负荷排放指数	59.5
子流域4	62.2	水域	70.2	生境结构	52.8	水质状况指数	40.0
						枯水期径流量占同期年均径流量比例	100.0
						河道连通性	90.0
				水生生物	56.7	大型底栖动物多样性综合指数	51.3
						鱼类物种多样性综合指数	65.4
						特有性或指示性物种保持率	50.0

201

瀚溪河流域生态健康综合评估结果表（续）

控制单元	综合得分	评估对象	得分	指标类型	得分	评估指标	得分
子流域4	62.2	水域	70.2	水域生态压力	80.0	水资源开发利用强度	90.0
						水生境干扰指数	70.0
		陆域	56.9	生态格局	50.3	森林覆盖率	31.2
						景观破碎度	84.0
						重要生境保持率	45.5
				生态功能	40.1	水源涵养功能指数	50.4
						土壤保持功能指数	52.8
						受保护地区面积占陆域总面积比例	13.6
				陆域生态压力	74.4	建设用地比例	78.3
						污染负荷排放指数	71.8
子流域5	50.2	水域	54.7	生境结构	48.7	水质状况指数	32.7
						枯水期径流量占同期年均径流量比例	41.1
						河道连通性	77.7
				水生生物	47.0	大型底栖动物多样性综合指数	38.2
						鱼类物种多样性综合指数	54.4
						特有性或指示性物种保持率	50.0
				水域生态压力	70.2	水资源开发利用强度	70.3

澜溪河流域生态健康综合评估结果表(续)

控制单元	综合得分	评估对象	得分	指标类型	得分	评估指标	得分
子流域5	50.2	水域	54.7	水域生态压力	70.2	水生生境干扰指数	70.0
				生态格局	44.0	森林覆盖率	19.1
						景观破碎度	85.3
						重要生境保持率	38.6
		陆域	47.3	生态功能	40.6	水源涵养功能指数	36.2
						土壤保持功能指数	77.2
						受保护地区面积占陆域总面积比例	10.3
				陆域生态压力	54.6	建设用地比例	61.9
						污染负荷排放指数	49.8
子流域6	59.7	水域	57.4	生境结构	47.9	水质状况指数	37.7
						枯水期径流量占同期年均径流量比例	39.4
						河道连通性	70.0
				水生生物	47.4	大型底栖动物多样性综合指数	55.7
						鱼类物种多样性综合指数	40.9
						特有性或指示性生物种保持率	43.8
				水域生态压力	80.0	水资源开发利用强度	90.0
						水生生境干扰指数	70.0

203

濑溪河流域生态健康综合评估结果表（续）

控制单元	综合得分	评估对象	得分	指标类型	得分	评估指标	得分
子流域6	59.7	陆域	60.8	生态格局	70.3	森林覆盖率	30.6
						景观破碎度	83.2
						重要生境保持率	79.2
				生态功能	45.4	水源涵养功能指数	46.1
						土壤保持功能指数	79.8
				陆域生态压力	65.1	受保护地区面积占陆域总面积比例	10.1
						建设用地比例	69.7
						污染负荷排放指数	62.1

附图

附图1 水生生物鉴定图集——鱼类

1. 鳉形目（Cyprinodontiformes）

胎鳉科（Poeciliidae）

食蚊鱼 *Gambusia affinis*

2. 鲤形目（Cypriniformes）

（1）鳅科（Cobitidae）

大鳞副泥鳅 *Paramisgurnus dabryanus* 　　　泥鳅 *Misgurnus anguillicaudatus*

（2）鲤科（Cyprinidae）

半䱗 Hemiculterella sauvagei

棒花鱼 Abbottina rivularis

贝氏䱗 Hemiculter bleekeri

䱗 Hemiculter leucisculus

草鱼 Ctenopharyngodon idellus

粗须白甲鱼 Onychostonua barbata

达氏鲌 *Culter dabryi dabryi*

大鳍鱊 *Acheilognathus macropterus*

峨眉鱊 *Acheilognathus omeiensis*

高体鳑鲏 *Rhodeus ocellatus*

黑鳍鳈 *Sarcocheilichthys nigripinnis*

黑尾近红鲌 *Ancherythroculter nigrocauda*

红鳍原鲌 *Cultrichthys erythropterus*

厚颌鲂 *Megalobrama pellegrini*

华鳈 *Sarcocheilichthys sinensis*

鲫 *Carassius auratus*

鲤 *Cyprinus carpio*

鲢 *Hypophthalmichthys molitrix*

麦瑞加拉鲮 *Cirrhinus mrigala*

麦穗鱼 *Pseudorasbora parva*

蒙古鲌 *Culter mongolicus mongolicus*

拟尖头鲌 *Culter oxycephaloides*

翘嘴鲌 *Culter alburnus*

四川华鳊 *Sinibrama taeniatus*

汪氏近红鲌 *Ancherythroculter wangi*

兴凯鱊 *Acheilognathus chankaensis*

鳙 *Aristichthys nobilis*

张氏鳘 *Hemiculter tchangi*

中华鳑鲏 *Rhodeus sinensis*

3.鲈形目(Perciformes)

(1)斗鱼科(Belontiidae)

叉尾斗鱼 *Macropodus opercularis*

(2)鳢科(Channidae)

宽额鳢 *Channa gachus*

乌鳢 *Channa argus*

(3)丽鱼科(Cichlidae)

莫桑比克罗非鱼 *Oreochromis mossambicus*

(4) 沙塘鳢科（Odontobutidae）

小黄黝鱼 *Micropercops swinhonis*

(5) 棘臀鱼科（Centrarchidae）

蓝鳃太阳鱼 *Lepomis macrochirus*

(6) 虾虎鱼科（Gobiidae）

波氏吻虾虎鱼 *Rhinogobius cliffordpopei*    子陵吻虾虎鱼 *Rhinogobius giurinus*

4. 鲇形目(Siluriformes)

(1) 鲿科(Bagridae)

钝吻拟鲿 *Pseudobagrus crassirostris*

黄颡鱼 *Pelteobagrus fulvidraco*

瓦氏黄颡鱼 *Pelteobagrus vachelli*

长吻拟鲿 *Pseudobagrus longirostris*

长须拟鲿 *Pseudobagrus eupogon*

(2) 鲇科(Siluridae)

大口鲇 *Silurus meridionalis*    鲇 *Silurus asotus*

附图 2 水生生物鉴定图集——底栖动物

似动蜉属 *Cinygmina* sp.    假二翅蜉属 *Pseudocloeon* sp.

似宽基蜉属 *Choroterpides* sp.

思罗蜉属 *Thraulus* sp.

细蜉属 *Caenis* sp.

假刺翅蜉属 *Pseudocentroptilum* sp.

水丝蚓属 *Limnodrilus* sp.

苏氏尾鳃蚓 *Branchiura sowerbyi*

背角无齿蚌 *Anodonta woodiana*

淡水壳菜 *Limnoperna lacustris*

圆顶珠蚌 *Unio douglasiae*

河蚬 *Corbicula fluminea*

耳萝卜螺 *Radix auricularia*

方格短沟蜷 *Semisulcospira cancellata*

光滑狭口螺 *Stenothyra glabra*

椭圆萝卜螺 *Radix swinhoei*

淡水钩虾 *Gammarus*

锯齿新米虾 *Neocaridina denticulata*

克氏原螯虾 *Procambarus clarkii*

钩翅石蛾科 Helicopsy chidae 　　　纹石蛾属 *Hydropsyche* sp. 　　　径石蛾科 Ecnomidae

日本三角涡虫 *Dugesia japonica*

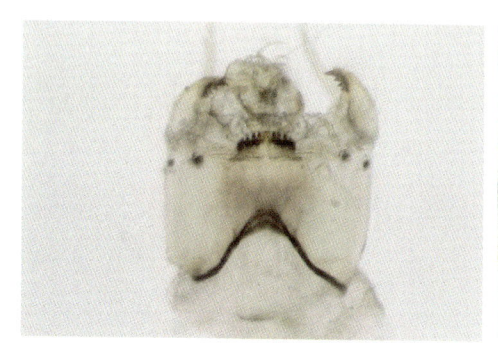

底栖摇蚊属 *Benthalia* sp. 　　　雕翅摇蚊属 *Glyptotendipes* sp.

多足摇蚊属 *Polypedilum* sp.

二叉摇蚊属 *Dicrotendipes* sp.

寡角摇蚊属 *Diamesa* sp.

环足摇蚊属 *Cricotopus* sp.

猛摇蚊属 *Acerbiphilus* sp.

那塔摇蚊属 *Natarsia* sp.

前突摇蚊属 *Procladius* sp.

水摇蚊属 *Hydrobaenus* sp.

摇蚊属 *Chironomus* sp.

隐摇蚊属 *Cryptochironomus* sp.

长跗摇蚊属 *Tanytarsus* sp.

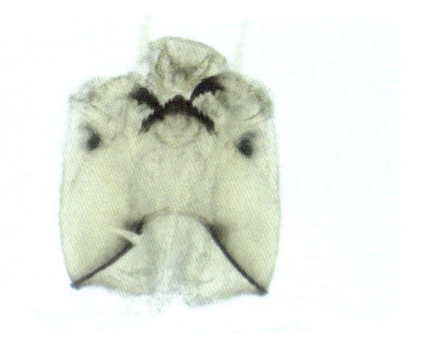

真开氏摇蚊属 *Eukiefferiella* sp.

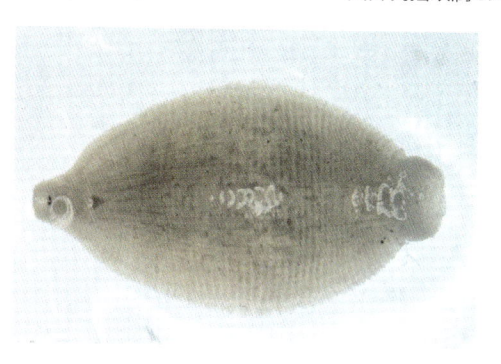

泽蛭属 *Helobdella* sp.

花蝇科某种

蠓科某种

蚋科某种

色蟌属 *Calopteryx* sp.

溪泥甲属 *Stenelmis* sp.

星齿蛉属 *Protohermes* sp.

附图 3 水生生物鉴定图集——浮游动物

1. 表壳目（Arcellinida）

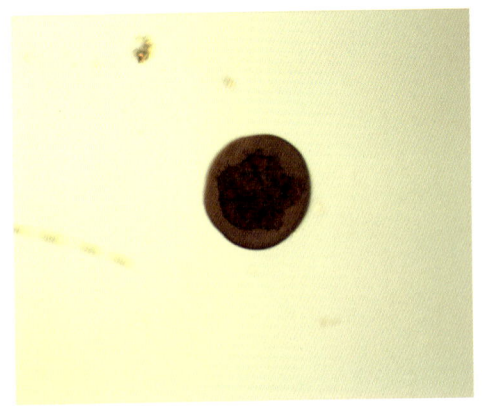

普通表壳虫 *Arcella vulgaris*

针棘匣壳虫 *Centropyxis aculeata*

2. 单巢目(Monogononta)
(1)臂尾轮科(Brachionidae)

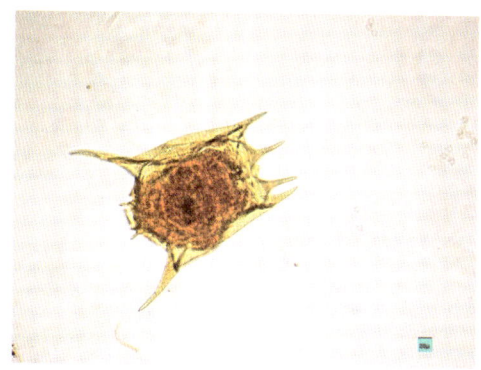

萼花臂尾轮虫 *Brachionus calyciflorus*

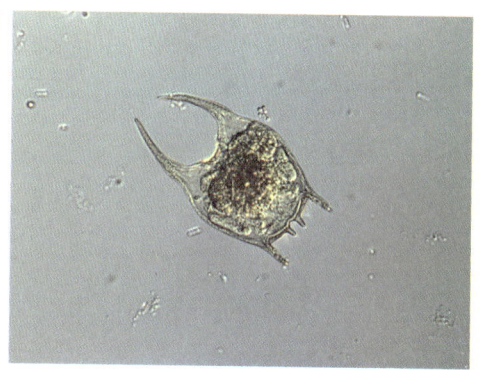

剪形臂尾轮虫 *Brachionus forficula*

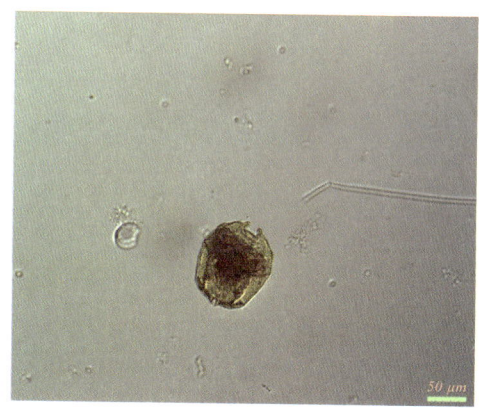

角突臂尾轮虫 *Brachionus angularis*

矩形龟甲轮虫 *Keratella quadrata*

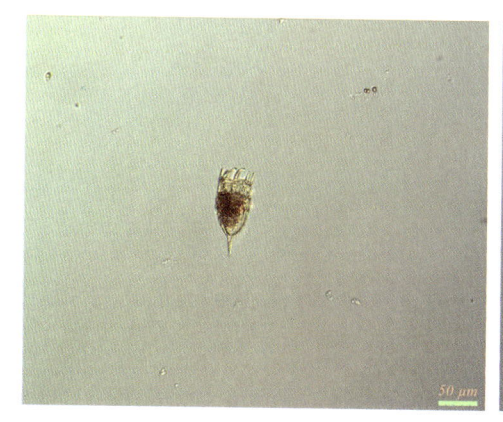

螺形龟甲轮虫 *Keratella cochlearis*

曲腿龟甲轮虫 *Keratella valga*

（2）晶囊轮科（Asplanchnidae）

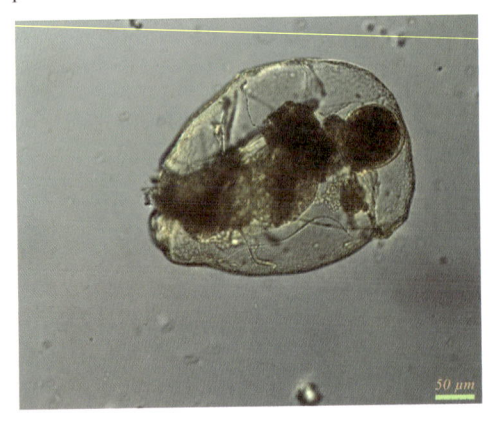

晶囊轮虫 *Asplanchna* sp.

（3）镜轮科（Testudinellidae）

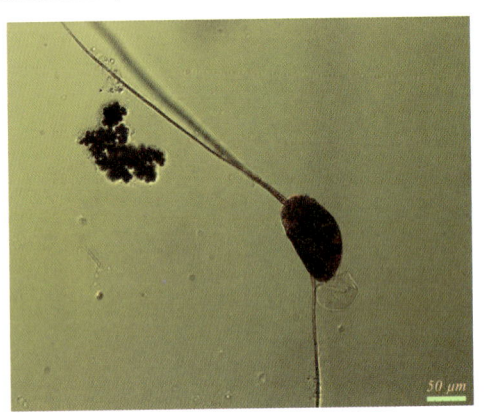

长三肢轮虫 *Filinia longiseta*

（4）鼠轮科（Trichocercidae）

异尾轮属 *Trichocerca* sp.

等刺异尾轮虫 *Trichocerca similis*

(5) 疣毛轮科（Synchaetidae）

针簇多肢轮虫 *Polyarthra trigla*

3. 剑水蚤目（Cyclopoida）

剑水蚤科（Cyclopidae）

广布中剑水蚤 *Mesocyclops leuckarti*

4. 双甲目(Diplostraca)

(1) 象鼻溞科(Bosminidae)

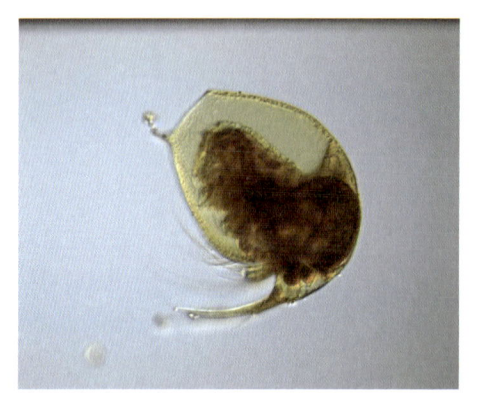

长额象鼻溞 *Bosmina longirostris*

(2) 仙达溞科(Sididae)

长肢秀体溞 *Diaphanosoma leuchtenbergianum*

5. 缘毛目(Peritrichida)

钟虫科(Vorticellidae)

钟虫 *Vorticella* sp.

6.哲水蚤目(Calanoida)

镖水蚤科(Diaptomidae)

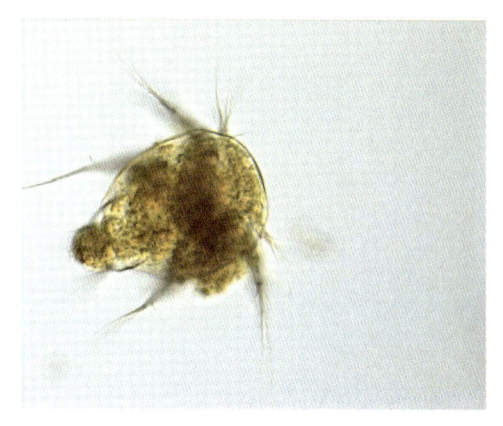

无节幼体 *Nauplius*

附图4 水生生物鉴定图集——藻类

1.蓝藻门(Cyanophyta)

(1)色球藻科(Chroococcaceae)

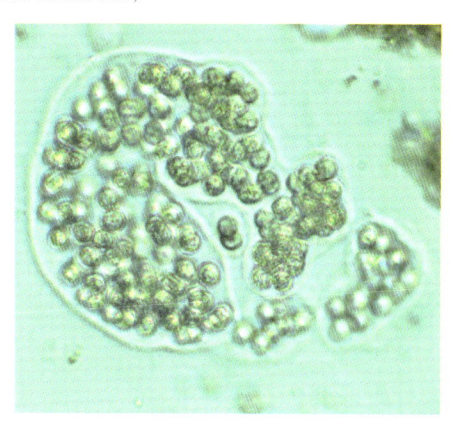

惠氏微囊藻 *Microcystis wesenbergii*

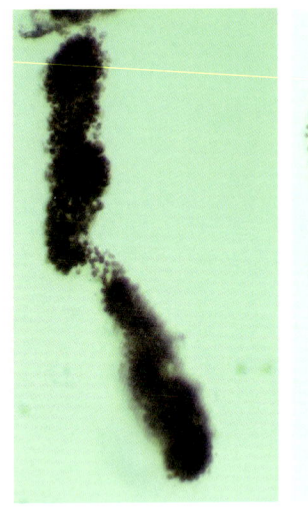

假丝微囊藻 Microcystis pseudofilamentosa 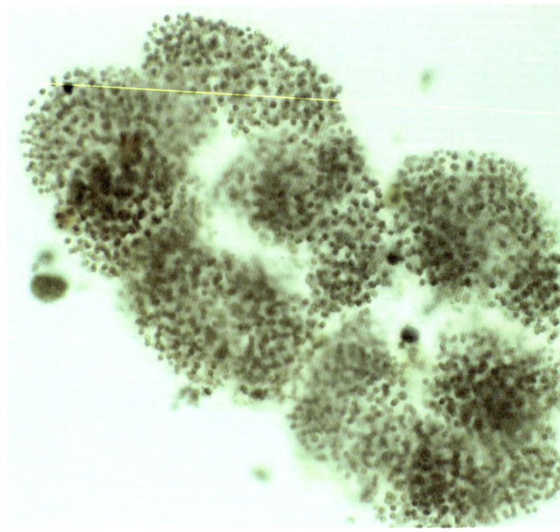　　挪氏微囊藻 Microcystis novacekii

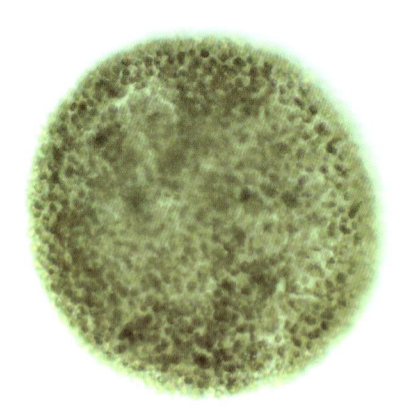

史密斯微囊藻 Microcystis smithii 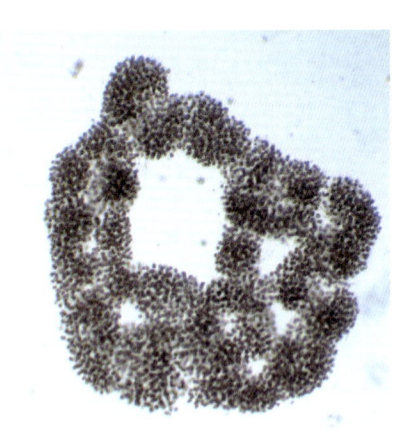　　铜绿微囊藻 Microcystis aeruginosa

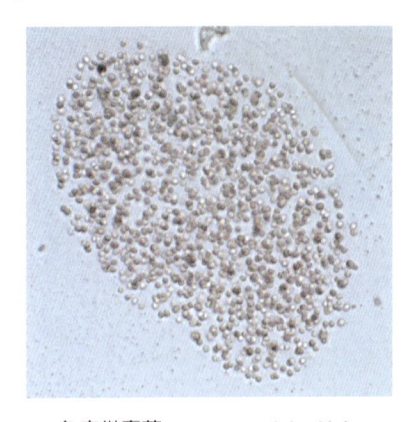

鱼害微囊藻 Microcystis ichthyoblabe

(2) 博氏藻科(Borziaceae)

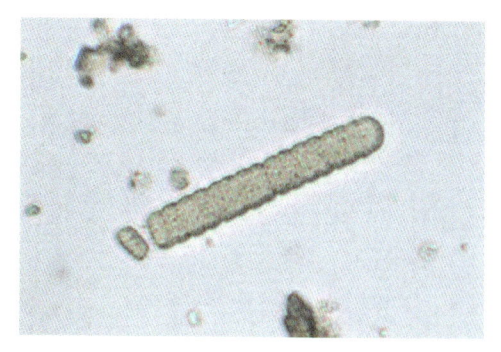

柯梦藻 *Komvophoron* sp.

(3) 念珠藻科(Nostocaceae)

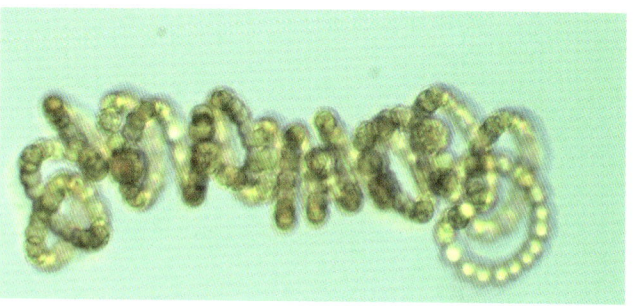

浮游长孢藻 *Dolichospermum planctonicum*　　卷曲长孢藻 *Dolichospermum circinale*

(4) 伪鱼腥藻科(Pseudanabaenaceae)

伪鱼腥藻 *Pseudanabaena* sp.

（5）颤藻科（Oscillatoriaceae）

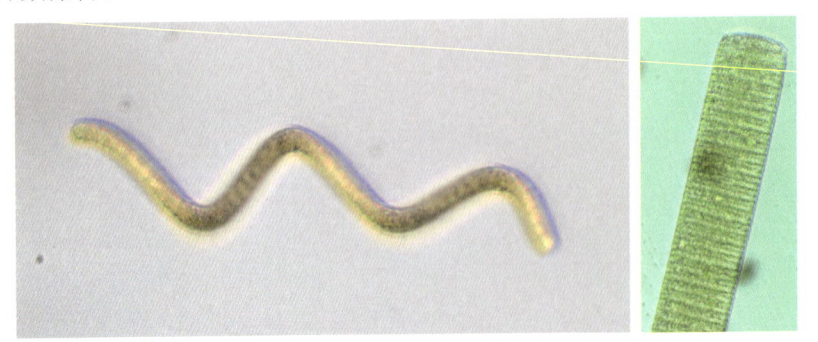

极大节旋藻 Arthrospira maxima　　巨颤藻 Oscillatoria princeps

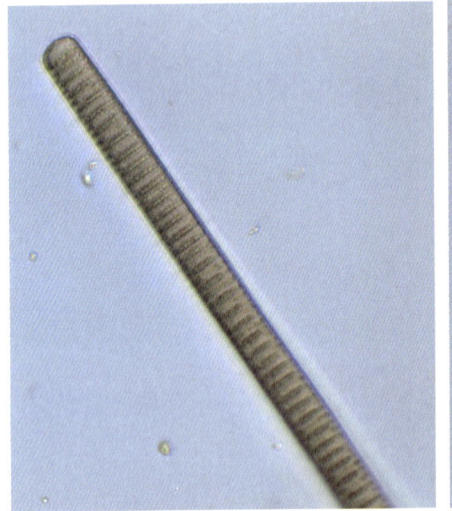

泥泞颤藻 Oscillatoria limosa 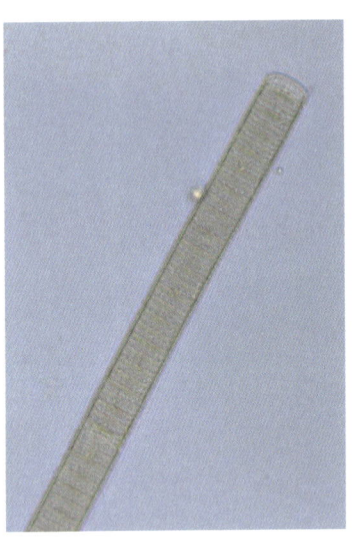　　头冠颤藻 Oscillatoria sancta

威利颤藻 Oscillatoria willei 　　小颤藻 Oscillatoria tenuis

2. 隐藻门（Cryptophyta）
隐藻科（Cryptonomadaceae）

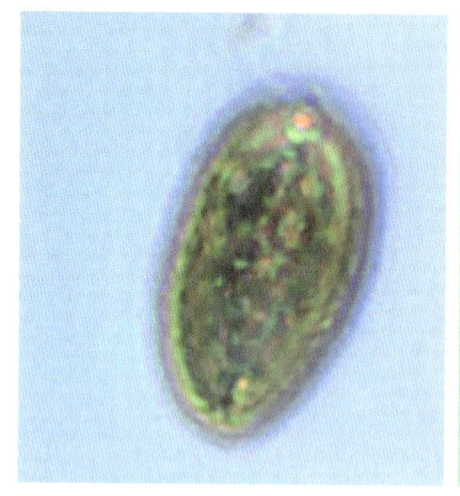

卵形隐藻 Cryptomonas ovata

马氏隐藻 Cryptomonas marssonii

啮蚀隐藻 Cryptomonas erosa

3. 甲藻门（Pyrrophyta）

（1）薄甲藻科（Glenodiniaceae）

四齿薄甲藻 *Glenodinium quadridens*

（2）多甲藻科（Peridiniaceae）

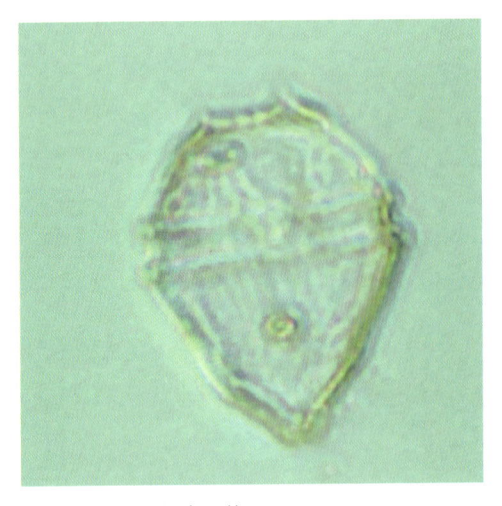

倪氏拟多甲藻 *Peridiniopsis niei*

(3)角甲藻科(Ceratiaceae)

飞燕角甲藻 *Ceratium hirundinella* 　　拟二叉角甲藻 *Ceratium furcoides*

4. 黄藻门(Xanthophyta)

(1)刺棘藻科(Centritractaceae)

比里刺棘藻 *Centritractus belenophorus*

（2）无隔藻科（Vaucheriaceae）

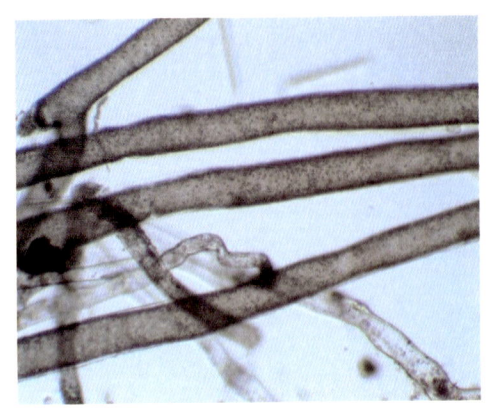

附生无隔藻 *Vaucheria rpens*

5. 金藻门（Chrysophyta）

（1）黄群藻科（Synuraceae）

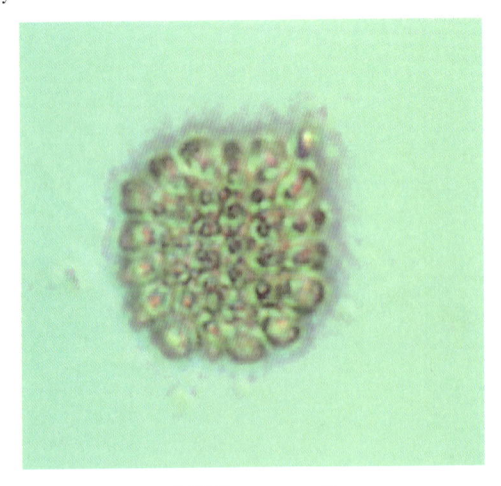

黄群藻 *Synura uvella*

(2)锥囊藻科(Dinobryonaceae)

圆筒形锥囊藻 *Dinobryon cylindricum*

6.硅藻门(Bacillariophyta)

(1)圆筛藻科(Coscinodiscaceae)

变异直链藻 *Melosira varians*

颗粒直链藻极狭变种 *Melosira granulata* var. *angustissima*

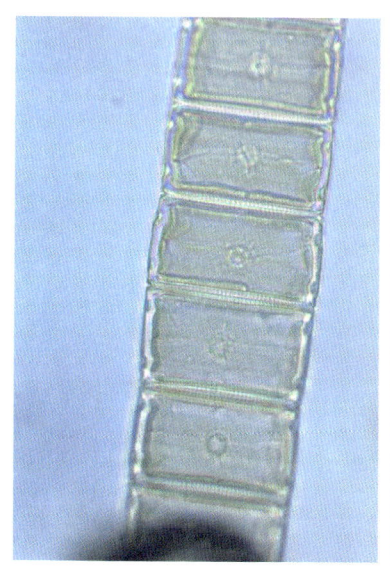

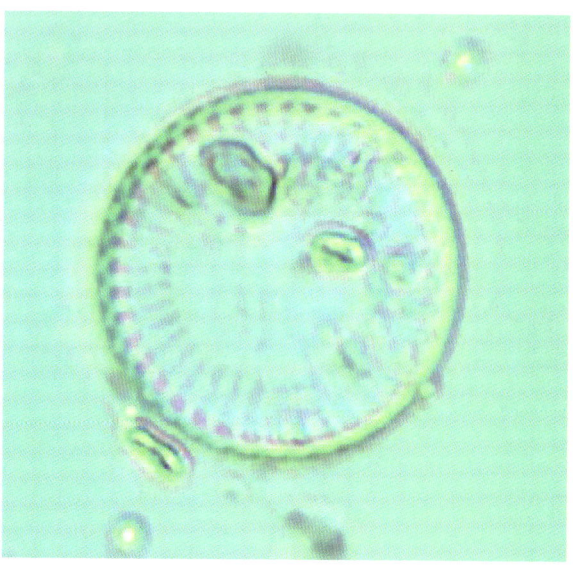

罗兹直链藻(原变种) *Melosira roeseana* var. *roeseana*

梅尼小环藻 *Cyclotella meneghiniana*

星肋小环藻 *Cyclotella asterocostata*

(2) 角盘藻科 (Eupodiscaceae)

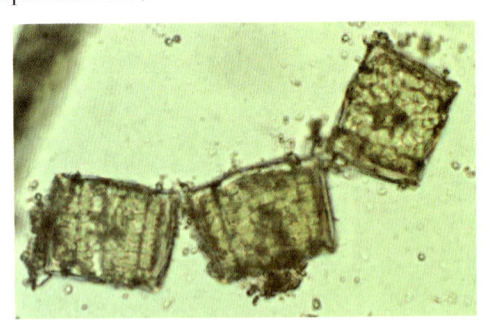

光滑侧链藻 *Pleurosira laevis*

(3) 脆杆藻科 (Fragilariaceae)

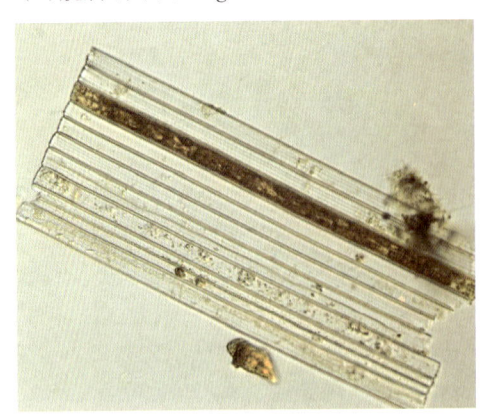

脆杆藻属 *Fragilaria* sp. 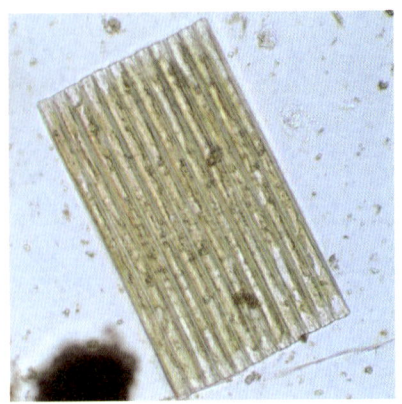　　　　　钝脆杆藻 *Fragilaria capucina*

放射针杆藻 Synedra berolinensis 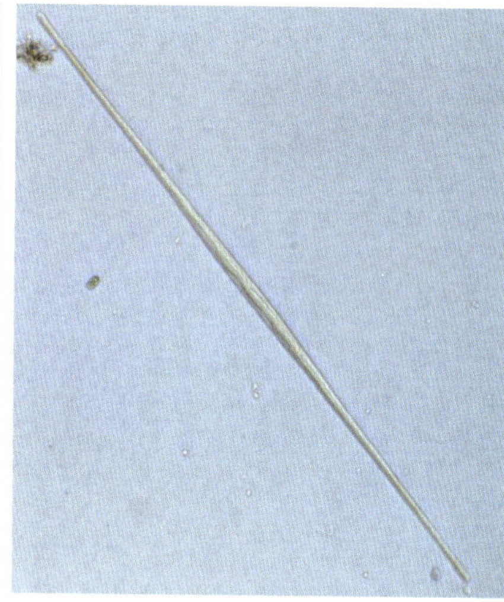　　　　　尖针杆藻 Synedra acus

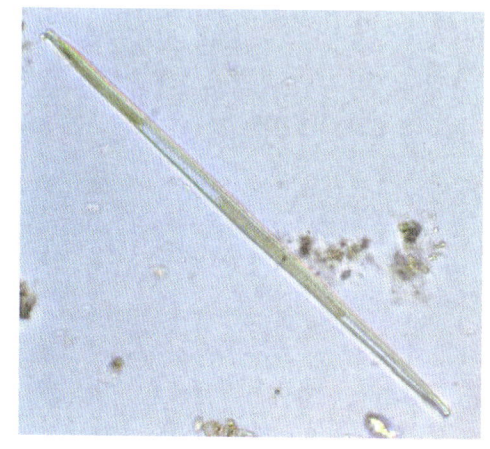

两头针杆藻 Synedra amphicephala 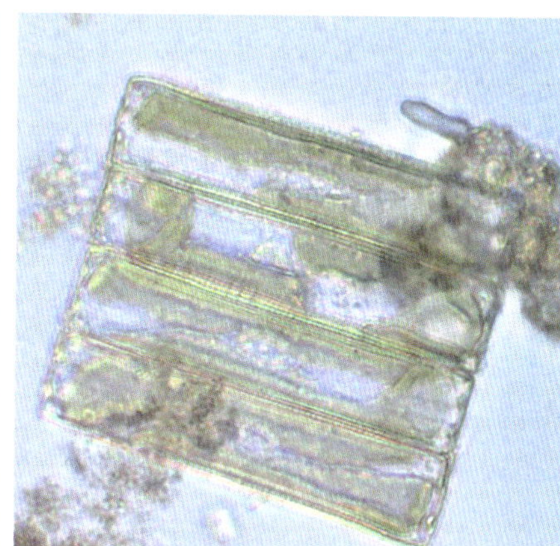　　　　绿脆杆藻 Fragilaria virescens

(4)舟形藻科(Naviculaceae)

库津布纹藻 Gyrosigma kuetzingii 　　　　渐狭布纹藻 Gyrosigma attenuatum

尖布纹藻 *Gyrosigma acuminatum*    舟形藻属 *Navicula* sp.

(5) 桥弯藻科（Cymbellaceae）

淡黄桥弯藻 *Cymbella helvetica*    箱形桥弯藻 *Cymbella cistula*

(6) 异极藻科（Gomphonemaceae）

强壮异极藻延长变种 *Gomphonema validum* var. *elongatum*    异极藻 *Gomphonema* sp.

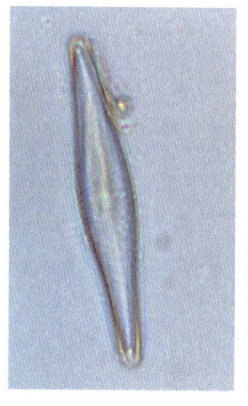

纤细异极藻 *Gomphonema gracile* 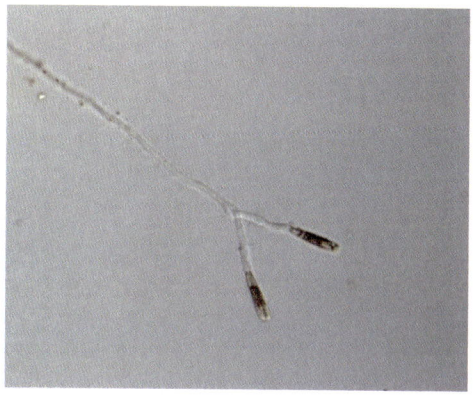   缢缩异极藻 *Gomphonema constrictum*

(7) 曲壳藻科 (Achnanthaceae)

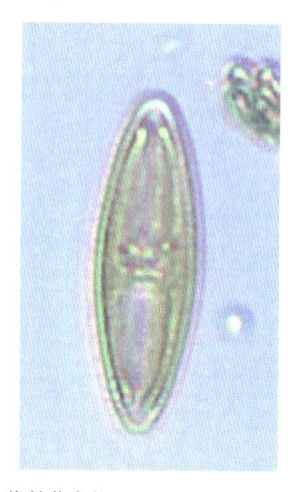

优美曲壳藻 *Achnanthes delicatula*

(8) 菱形藻科 (Nitzschiaceae)

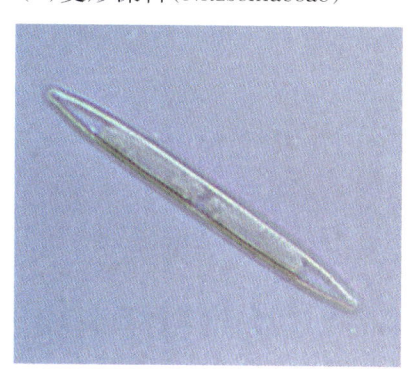

尖端菱形藻 *Nitzschia acula* 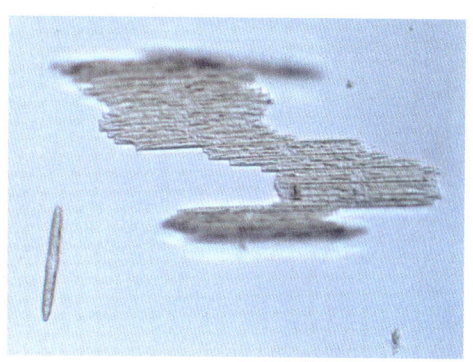   奇异菱形藻 *Nitzschia paradoxa*

双尖菱板藻 *Hantzschia amphioxys* 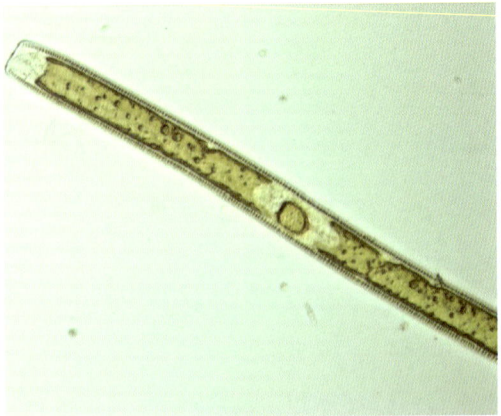　　弯曲菱形藻 *Nitzschia sinuata*

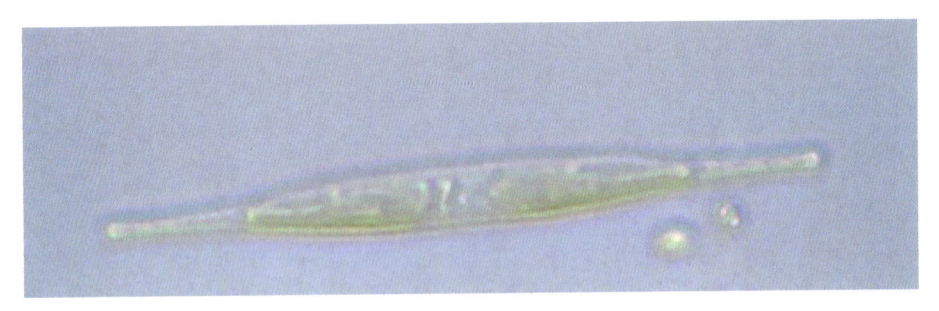

针形菱形藻 *Nitzschia acicularis*

(9)双菱藻科(Surirellaceae)

草鞋形波缘藻 *Cymatopleura solea* 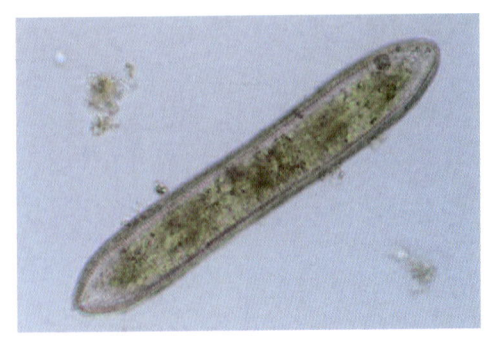　　草鞋形波缘藻近缢缩变种
Cymatopleura solea var. *subconstricta*

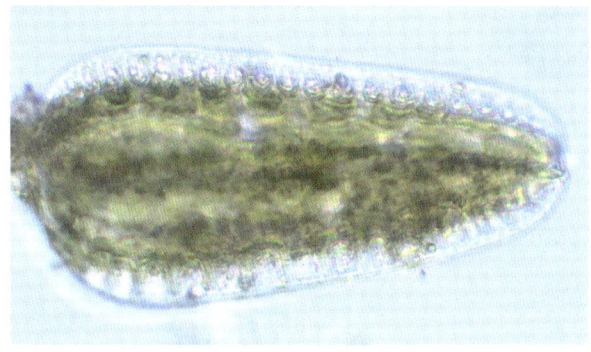

粗壮双菱藻 Surirella robusta 　　　　　　　端毛双菱藻 Surirella capronii

7. 裸藻门（Euglenophyta）

裸藻科（Euglenaceae）

琵鹭扁裸藻 Phacus platalea 　　　　　　　绿色裸藻 Euglena viridis

附生裸藻 Euglena adhaerens 　　　　　　梭形裸藻 Euglena acus

伪旋纹裸藻 Euglena pseudospirogyra

8. 绿藻门(Chlorophyta)

(1)团藻科(Volvocaceae)

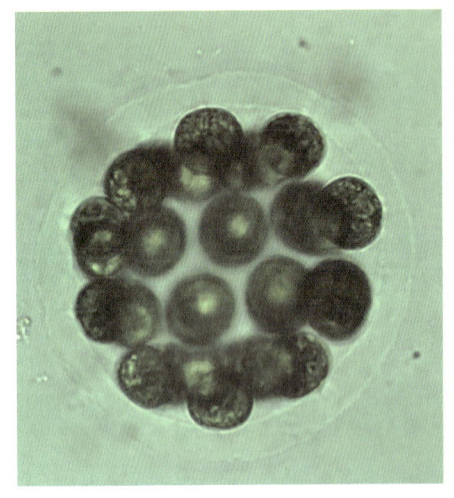

空球藻 *Eudorina elegans*

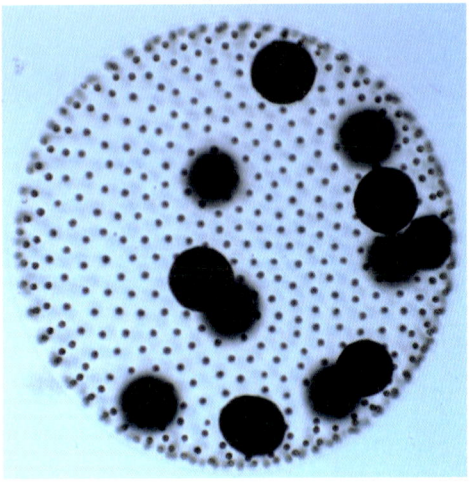

美丽团藻 *Volvox aureus*

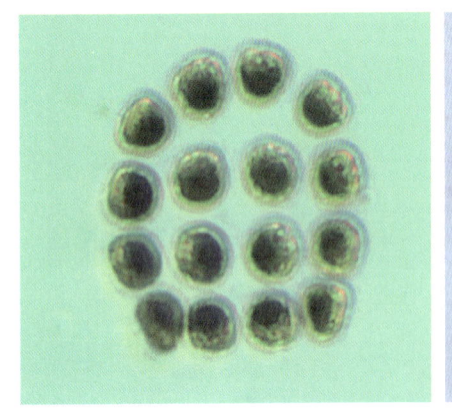

盘藻 *Gonium pectorale*

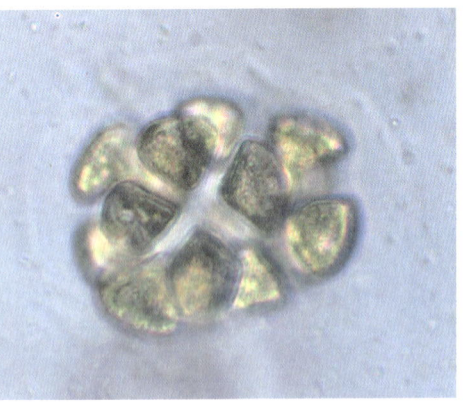

实球藻 *Pandorina morum*

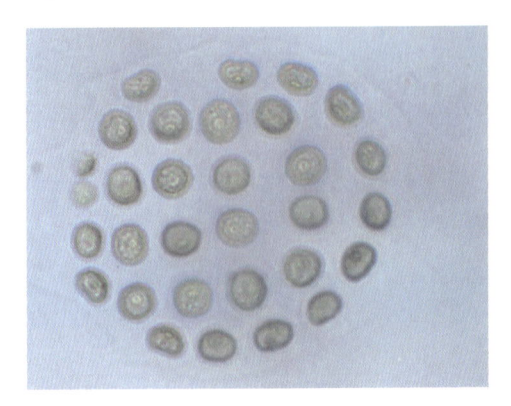

杂球藻 *Pleodorina californica*

(2) 空星藻科（Coelastruaceae）

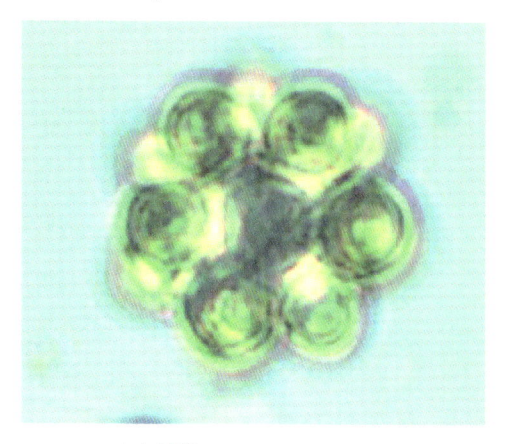

小空星藻 *Coelastrum microporum*

(3) 卵囊藻科（Oocystaceae）

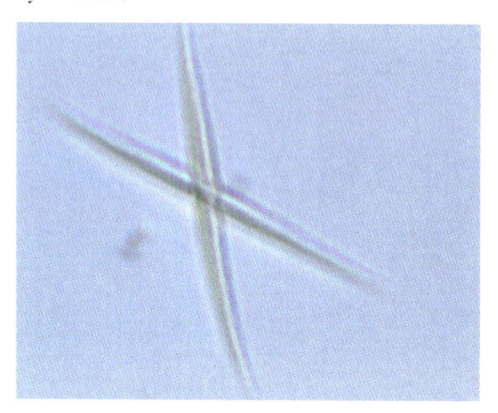

纤维藻 *Ankistrodesmus* sp.

(4) 盘星藻科（Pediastraceae）

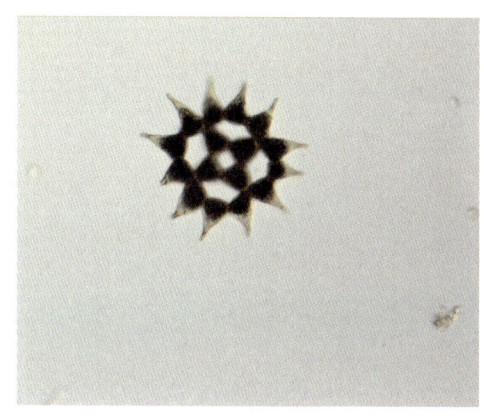

单角盘星藻 *Pediastrum simplex* 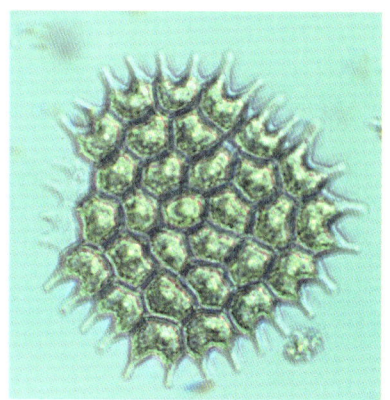　　　　短棘盘星藻 *Pediastrum boryanum*

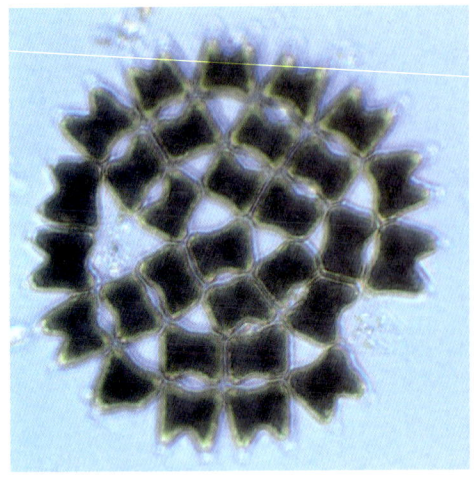

二角盘星藻 *Pediastrum duplex* 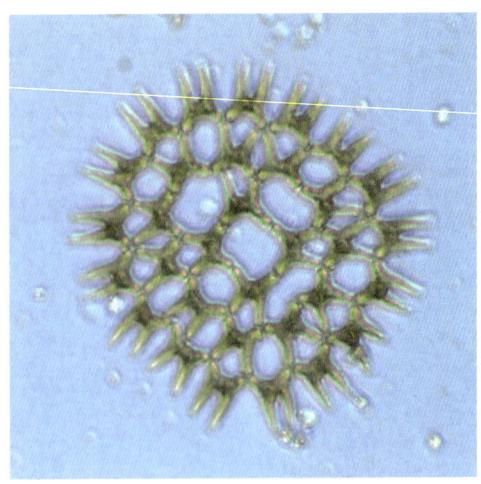　　　　二角盘星藻纤细变种 *Pediastrum duplex var. gracillimum*

(5)栅藻科(Scenedesmaceae)

二形栅藻 *Scenedesmus dimorphus* 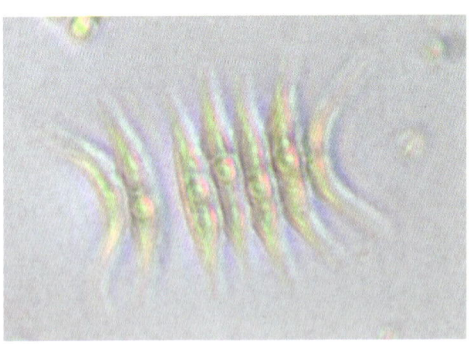　　　　尖细栅藻 *Scenedesmus acuminatus*

椭圆栅藻鞭状变型 *Scenedesmus ovalternus f. flagellispinosus*

(6)鞘藻科(Oedogoniaceae)

鞘藻 *Oedogonium* sp.

(7)丝藻科(Ulotrichaceae)

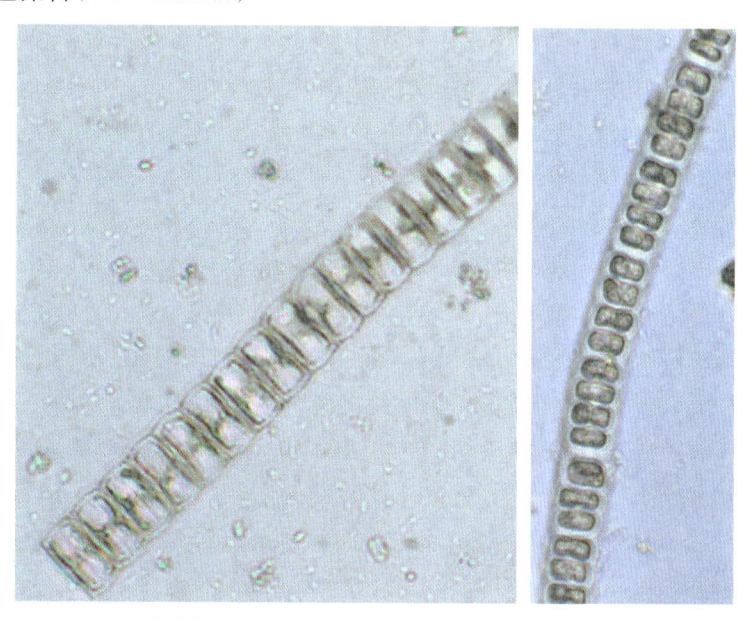

串珠丝藻 *Ulothrix moniliformis*   环丝藻 *Ulothrix zonata*

(8) 双星藻科 (Zygnemataceae)

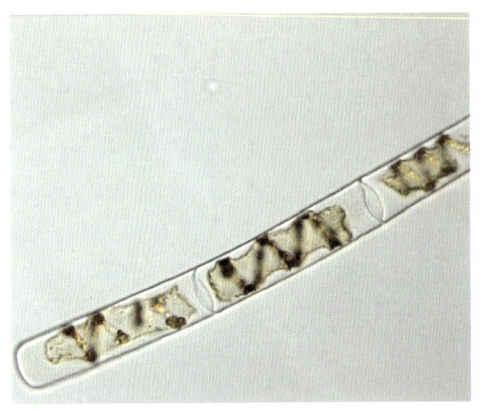

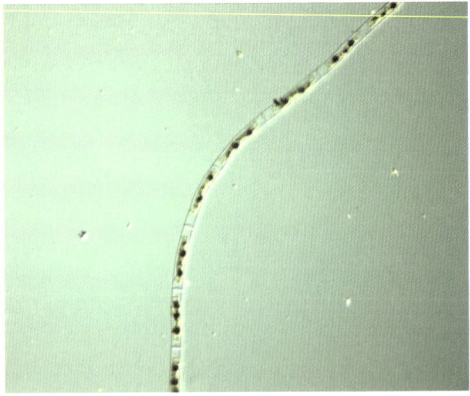

水绵 *Spirogyra* sp.

转板藻 *Mougeotia* sp.

(9) 鼓藻科 (Desmidiaceae)

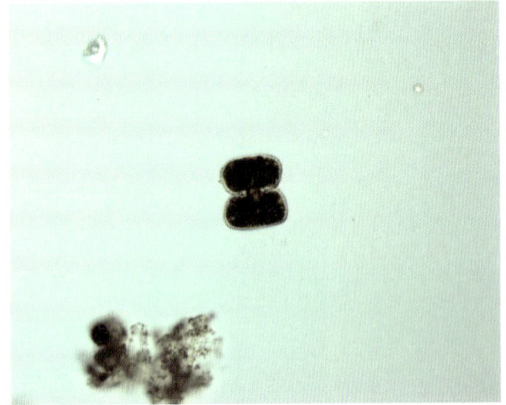

扁鼓藻 *Cosmarium depressum*

钝鼓藻 *Cosmarium obtusatum*

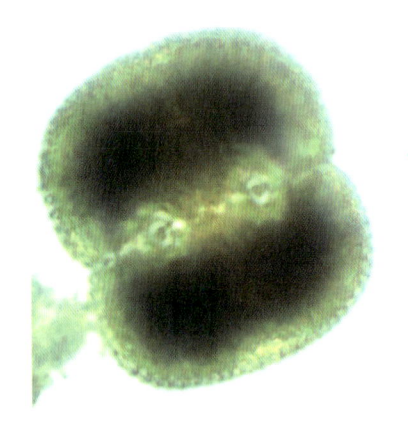

方鼓藻 *Cosmarium quadrum*

项圈新月藻 *Closterium moniliforum*

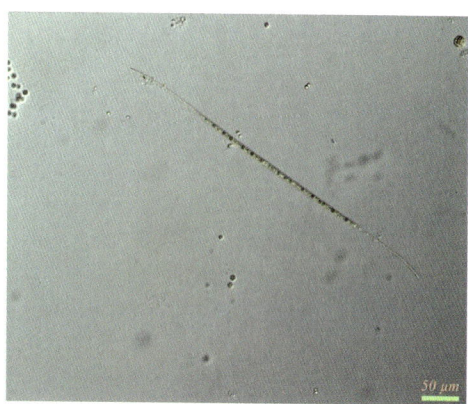

纤细角星鼓藻 *Staurastrum gracile*　　　　纤细新月藻 *Closterium gracile*

锐新月藻 *Closterium acerosum*